Town House
타운하우스

KENCHIKU JUNREI 8 TOSHI WO TSUKURU JUKYO
by KOUYAMA Hisao
Copyright ⓒ1990 by KOUYAMA Hisao
All rights reserved.
Korean translation rights ⓒ2006 Renaissance Publishing Co.
Original Japanese edition published by Maruzen Co., Ltd.
Korean translation rights arranged with Maruzen Co., Ltd.
through Bestun Korea Agency.

이 책의 한국어판 저작권은 베스툰 코리아 에이전시를 통해
일본 저작권자와 독점 계약한 르네상스에 있습니다.
저작권법에 의하여 한국 내에서 보호를 받는 저작물이므로
무단 전재나 복제, 광전자 매체 수록 등을 금합니다.

세계건축산책 9

Town House
타운하우스
— 인간적인 도시를 만드는 집 —

코야마 히사오 지음 | 유창수 옮김

르네상스

일러두기

1. 외래어 표기는 한글맞춤법 외래어표기법을 따랐으며, 브리태니커 백과사전을 참고하였다.
2. 생소한 인명, 지명이 나올 때는 처음 한 번만 원어를 병기하였다.
3. 인명 옆에 표기된 연도는 생몰년, 건물명 옆에 표기된 연도는 설계 연도다.
4. 지은이의 주는 본문에서 괄호에 넣어 처리하였다.
5. 옮긴이의 주는 * 표시와 함께 해당 지면 아래쪽에 각주를 달았다.

Town
House | 차례

머리말 - 도시 주거의 안락함   6

1. 런던 - 테라스 하우스에 의해 조성된 거리, 광장, 공원   37

2. 체스터 - 보행 데크로 연결된 중세의 도시   55

3. 바스 - 바로크적 장대함으로 가득한 휴양도시   67

4. 필라델피아 - 퀘이커교도가 만든 격자형의 도시   77

5. 보스턴 - 청교도가 만든 언덕과 수변 도시   89

6. 찰스턴 - 미국 남부 고도의 화려함과 우수   99

7. 포트 선라이트 - 19세기 자본가가 건축한 이상도시   109

맺음말 - 도시주거에 대한 단상   118

도시 주거의 안락함

아름다운 도시는 반드시 아름다운 주거에 의해 만들어진다. 도시의 매력은 결코 커다란 기념비적 건축물과 화려한 공원만으로 만들어지는 것은 아니다. 훌륭한 도시에는 그 전체를 구성하는 훌륭한 주거 단위의 모습이 있다. 유럽과 아메리카의 많은 도시는 지금까지도 이러한 모습을 유지하고 있다. 예전의 일본 도시에서도 그러한 유형이 있었다. 그러나 현재 도쿄에는 그러한 모습은 남아 있지 않다. 도쿄와 마찬가지로 일본의 대다수 도시에는 그러한 모습이 사라졌다. 간신히 남아 있는 도시의 경우에도 이러한 모습의 주거는 현재 거의 그 생명을 잃어가고 있다.

나는 미국의 필라델피아와 영국 런던에서 오래된 연립주택row house에 살았다. 이곳은 전면 폭이 좁고 안쪽 폭이 긴 집이며 이웃집 사이에는 파티월party wall이라는 공유벽이 있다. 연립주택은 영국과 미국의 일반적인 도시를 만들어가는 기본적인 주거 형식이다. 그 기본형은 1661년 그 유명한 런던대

영국 웨일즈 시가지에 남아 있는 14세기의 주거지. 베이커즈 크로스BakersCross(목사길). 길 끝에 높이 솟은 건물은 영국 후기 고딕풍의 걸작인 웨일즈 대성당.

화재 후에 만들어졌다고 한다. 미국에서는 1700년대에 필라델피아에서 최초의 연립주택이 세워졌다. 그 이후 현재까지 미국 동해안의 오래된 도시를 구성하고 있는 것이 바로 연립주택이라고 불리는 도시 주거 단지들이다. 이 주택들은 현재까지도 남아 있으며, 도시 주거로서의 훌륭한 역할을 담당하고 있다.

이곳은 흑인의 커뮤니티가 되기도 하고, 부자와 예술가의 거주처가 되기도 한다.(혹은 후에 주거로서만이 아니라 학교와 사무소로 사용되고 있다. 런던에서 내가 활동했던 라즈단Razdan의 사무소는 퀸앤가Queen Anne street에 건축된 빅토리아시대의 연립주택의 한 칸이었고, 유명한 런던의 A. A스쿨은 베드포드 광장에 면한 연립주택이었다. 그러한 의미에서 연립주택은 도시의 건축 단위라고 불릴 만할 것이다.) 각 도시에서 이 주택들은 현재 낡았지만 여전히 사용되고 있을 뿐만 아니라, 새로운 것이 만들어지고 또 오래된 것이 개량되고 재생되어 이

런던 키르반Kirban 지구의 테라스 하우스. 중·저소득층의 전형적인 주거지. 이 중 한 칸에서 1967년에 저자가 살았다.

어지고 있는 것이다.

    필라델피아의 재개발로 유명한 도시계획가 베이컨Bacon은 자신의 계획에 근거한 소사이어티빌딩Society Building의 고층아파트에 살지 않고 낡은 타운하우스를 고쳐서 살고 있다고 한다. 후에 소사이어티빌딩의 재개발이 완료된 후 주변의 연립주택에는 수리해서 이사 오는 사람이 급증하고, 다시 새로운 개발이 이어져 그 지구는 전혀 새롭고 매력적인 도심으로 다시 태어났다. 연립주택의 형식으로 훌륭한 건축가가 새로운 설계를 했던 예는 많다. 연립주택의 형식은 300년에 걸쳐 이어져 내려오고 있을 뿐만 아니라 아마 이후에도 그 생명을 유지하게 될 것이다.

    시대가 변해도 생명력을 이어가는 힘을 가진 도시 주거에는 연립주택 이외에도 여러 종류가 있음에 틀림없다. 그러나 나의 실제 생활 경험에서 보면

필라델피아, 헤이젤 애비뉴Hazel Av.의 저택(1965~66년에 저자가 머물렀던 주택)

보닛Bonnet의 리토 그라프 『1853년의 뉴욕』(Charles Lockwood "Bricks & Brown Stone" 1972, McGraw-Hill 발간)

  연립주택만의 특색은 다른 도시 주거와 확실히 구분할 수 있을 것이라고 생각된다.

    주거와 전면 도로는 계단식 현관stoop*과 채광·환기를 위해 파놓은 공간인 드라이에리어dry area에 의해 관계를 맺고 있다. 그리고 그 관계 속에서 연립주택의 도시 주거로서의 특징이 잘 드러나고 있다. 연립주택의 1층은 보통 지면보다 반층 정도 높게 되어 있다(뉴욕 같은 곳에서는 때에 따라서 한 개 층을 완전히 올라가 있는 경우도 있다). 계단식 현관에는 거기에 올라가기 위한 출입용 계단이 있고, 길이 약 2미터의 걸레받이가 드라이에리어로 되어 직접 반지하층에 내려갈 수 있도록 되어 있다. 이 지하층은 작업장이나 창고로 사

＊ 작은 포치porch, 현관입구의 작은 층층계단, 현관계단

도시 주거의 안락함　**9**

필라델피아. 소사이어티빌딩지구의 거리

용될 수 있는 경우가 많고, 혹은 보도의 지하도 드라이에리어의 측면으로부터 창고로 사용될 수 있으며, 옛날에는 석탄 저장고였으나 지금은 깡통 등을 저장하기 위해 사용되는 경우가 많다.

　1층과 지하층을 뛰어넘어 도로로부터의 진입 방식을 상하 두 가지로 나눈 시스템은 도시 내에서 주출입구와 부출입구를 좁은 공간 내에서 나누는 수법만이 아니라 각 주거의 입구에 독자적인 정면성을 주어, 한편으로는 보도와 주거를 적절하게 분리하는 역할도 하고 있다. 계단식 현관은 주거와 도로를 분리함과 동시에 적극적으로 연결하는 것이기도 하다.

　계단식 현관을 올라가는 사람은 아직 도로 공간의 중심에 있으면서, 동시에 이미 집이라는 고유의 영역에 들어와 있음을 느낀다. 그곳에서 사람은 안심하게 되고 집의 내부에 들어가서 마음의 변화가 이루어질 수 있다. 집에서 거리에 나갈 때 사람은 계단식 현관을 내려가면서 거리를 감지한다. 이와 동시에 그 사람은 아직 주거의 공간에 속하면서 이미 한걸음 거리의 중간에 내딛고 있는 것이다. 계단식 현관을 오르내릴 때 설령 그것이 집을 처음으로 방문하는 것이든 혹은 매일 출입하는 자신의 집이든 거기에는 언제나 뭔가 새로운 경험을 하는 기분이 든다. 연립주택의 1층은 보통 거실로 사용되고 있다. 이곳은 도로보다 반층 정도 높고 드라이에리어를 전면에 가지고 있기도 해서 도로로부터 보호될 수 있지만, 한편으론 창가에 서면 언제라도 도로를 볼 수 있었다. 주거가 도로에 대해 등을 지고 있지 않고 도로의 활동에 참여하고 있다는 느낌은 도시에 살면서 하나의 중요한 조건이라고 생각한다.

이러한 연립주택의 파사드는 연속해서 하나의 면이 되고 거리의 파사드가 된다. 그것은 확실하게 도로의 공간을 규정한다. 이런 장대한 벽면의 발밑에 계단식 현관이 돌출되어 있고 드라이에리어의 전면 철책이 뻗어 있다. 이 요소들은 철선으로 보행자의 스케일을 가지고, 연속하는 파사드인 벽면의 도시적 스케일과 대비적으로 자신을 두드러지게 하고 있다. 파사드 디자인은 그것을 건축하는 사람의 솜씨가 그 시대상을 반영하고 있고 각각의 주거에 서로 다른 개성을 부여하고 있다. 이러한 경우, 주거에 산다는 것은 역사에 자신이 참가하고 있음을 절감하는 것일 수도 있었던 것이다.

블룸스베리 광장에서 본 베드포드 광장, 런던(1989년 3월). 제임스 베이튼 시공. 1820년경

광장을 둘러싼 테라스 하우스. 베드포드 광장, 런던. 설계자는 토머스 레버톤Thomas Lererton이라고 전하지만 확실치는 않음. 1775년

수목이 무성하고 꽃이 피어있는 광장. 베드포드 광장, 런던

펠험 크레센트Pelhem Crescent(초승달 모양의 물건을 일컬으며, 주로 영국에서 초승달 모양의 반원형 테라스하우스나 연립주택을 일컬음). 런던, 사우스 켄싱턴. 설계/조지 파셀George Parcells(1840년경)

리젠트파크에서 본 캠버랜드 테라스, 런던. 설계/존 내쉬와 제임스 톰슨(1826~1827년)

리젠트파크의 입구로 되어 있는 파크 크레센트Park Crescent, 런던. 설계/존 내쉬(1812년)

체스터 테라스. 캠버랜드 테라스와 나란하게 리젠트파크에 면해 주민들이 공유하는 앞뜰을 가지고 있으며, 장대한 아치문을 통해 연결된다.

영국, 체스터. 2층 건물의 상점가와 그 위에 주거가 있는 독특한 시가지 주택, 자 크로스

2층의 보행용 데크에는 군데군데 도로에서 계단이 연결되어 있다. 조그마한 경사로와의 조화가 자연스럽게 사람들을 상층의 데크로 유도한다.

영국, 체스터. 중세부터의 시가지. 도시 중심의 네거리, 자 크로스

로이터Reuter 주교의 집. 체스터에 남아 있는 17세기의 가장 볼 만한 타운하우스. 정면에는 성서에서 따온 다양한 장면의 목조 조형물이 만들어져 있다.

로열 크레센트, 영국, 바스, 설계 존 와트 자얀거(1767~1775년). 140개의 이오니아 양식의 거대한 기둥이 연속하는 코니스를 지지하고 있다. 수많은 저명한 사람들이 이곳에 거주하며 살아왔다.

로열 크레센트. 정면 전경. 연속되는 테라스 하우스들이 길이 200m를 넘는 거대한 원형을 그리며 녹지 광장을 둘러싸고 있다. 중앙에 위치한 로열 크레센트 호텔은 1975년에 조지3세의 아들 요크 후작을 맞이한 이래 계속 명문 호텔로 이어지고 있다.

필라델피아. 스풀스가 2000-2001번지의 브라운스톤 연립주택. 오래된 가로 주택이 남아 있는 시내에서도 한층 아름답고 안정감 있는 거리. 양식은 19세기 후반에 유행한 『이탈리아네이트 양식』이 많다.

필라델피아. 소사이어티 빌딩 지구의 연립주택. 필라델피아에서도 가장 오래된 지구로 입구의 계단이 우아한 곡선을 그리고 있다.

소사이어티 빌딩 타운하우스. 필라델피아. 설계/I.M 페이(1964년). 전통적인 연립주택의 의장을 현대적으로 재해석하여 에드먼드 베이컨에 의한 소사이어티빌딩의 재개발을 성공적으로 이끌었다.

보스턴, 비컨Beacon 빌딩의 에이컨 거리. 19세기 초의 낡고 오래된 돌로 만든 거리가 지금도 남아있다.(사진 : 萩野紀一朗)

보스턴, 루이스버그 광장Louisburg Square. 1826년 프레의 계획에 따라 1834~48년에 건설되었다. 가늘고 긴 원형의 플라이 베이트 광장을 둘러싸고 있다.

보스턴, 비컨 빌딩. 거리 저편에 찰스 강이 흐른다.

보스턴, 백베이 지구, 말보로 가의 연립주택. 1870년대부터 1880년대에 지어진 빅토리아풍의 아름다운 주거가 연속된다.

백베이 지구의 말보로 가 126번지. 필자의 친구 하먼 벡스토페어 씨의 2층 거실. 미닫이창에서 거리의 녹지가 보인다.

하먼 벡스토페어 씨의 식당. 창에서 후면 거리가 보인다.(1976년 여름 촬영)

사우스캐롤라이나 주 찰스턴 주택. 측면에 2개 층의 베란다를 붙인 독특한 양식

찰스턴의 타운하우스. 아름다운 스페인풍의 철제문을 통해 꽃이 피어 있는 중정이 보인다.

포트 선라이트, 영국(1988년). 델이라고 불리는 기품 있는 아름다운 공원과 뒤쪽에 연결된 공원 거리의 주택.

포트 선라이트. 로워Lower 거리의 크레센트

포트 선라이트, 퀸메리Queen Mary거리의 주거

포트 선라이트, 역 근처의 주거지

링컨즈 인 필드Lincolns in Field, 런던. 도시의 주거를 둘러싼 런던의 공원. 사람들이 부활절의 꽃으로 둘러싸인 채 휴식을 취하고 있다(1989년 3월 촬영).

Town House

1

런던
−테라스 하우스에 의해 조성된 거리, 광장, 공원−

① 연립주택row house의 기원

런던 거리는 연속해서 늘어선 조적조(벽돌조)의 주택에 의해, 그 풍경의 기본이 완성되어 있다. 주택의 파사드가 연속됨으로써 거리의 벽면이 조성되어 있으며, 그 벽면과 보도 사이에는 다양한 모양의 철제 펜스가 흐르듯이 이어져 있고, 그 사이를 일정한 리듬으로 각 호 정면 입구로 난 계단이 춤추듯 연결되어 있다. 건물의 높이나, 각각의 모양은 지구地區와 시대에 따라 다양하다. 그러나 이러한 주택에는 항상 변함없는 기본 유형이 존재하고 있다.

이러한 런던의 도시풍경은, 예를 들어 코난 도일의 셜록 홈즈 탐정소설을 읽은 이들에게는 이미 익숙할 것이다. 셜록 홈즈를 읽는 즐거움의 하나는 홈즈와 함께 런던 거리를 탐험하는 즐거움이라고 말할 수 있을 것이다. 그것만을 발췌한 연구서나 사진집까지 있을 정도다. 그리고 이 도시는 연립주택에 의해서 만들어진 도시이다. 홈즈도 범인도 이 연립주택이 늘어선 거리에 살

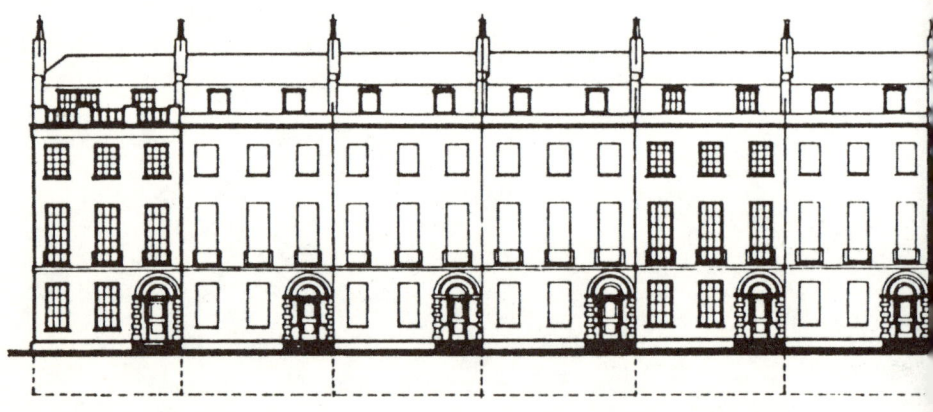

베드포드 광장. 북측 정면

왔고 그곳을 도주하거나 쫓아 다녔던 것이다. 혹은 영화 『My Fair Lady』를 본 사람들이라면, 노래를 부르며 거리를 걷는 오드리 햅번의 옆으로 언제나 그 철제 펜스가 이어지고, 조적조의 파사드가 이어지는 장면을 기억하고 있을 것이다. 연립주택 그 자체가 뮤지컬의 무대장치였던 것이다.

이 런던의 주택형식은 지금부터 약 300년 전, 17세기 후반부터 시작되어, 18세기 초에 거의 현재 모습을 한 양식의 기본이 완성됐다. 그 후, 시대에 따라 건축가나 개발업자들에 의해 다양한 디자인이나 연구가 행해져 변화무쌍한 다양성이 탄생되었다.

그러나 250년 전에 완성된 기본형은 변함없이 이어지고 있다. 이 현상을 단순히 보수적으로 생각하는 것은 옳지 않다. 이처럼 다양한 고안과 풍부한 변화가 가능한 형식이었기 때문에 수세기에 걸쳐 살아남았고, 지금도 훌륭한 도시의 주거단위로서 살아 있다. 이곳이 시대를 초월하여 주택으로서 사

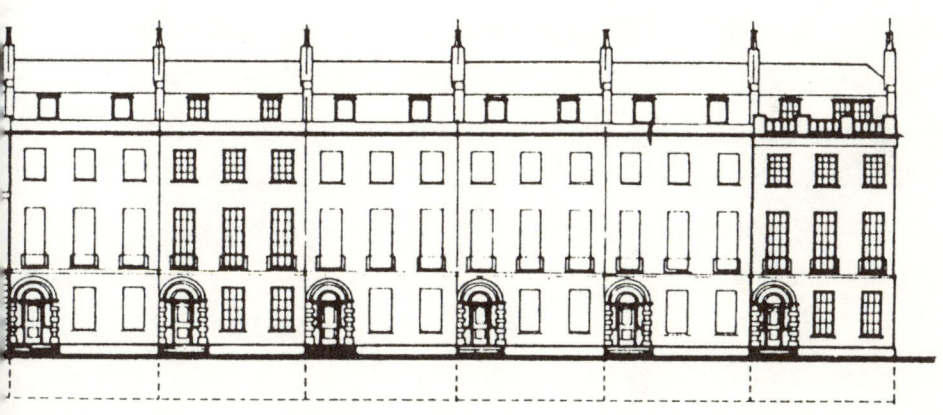

도티 거리의 주택. 입면도

람들로부터 얼마나 사랑받는지는 몇 번이고 계속해서 뜯어고치며 살고 있다는 점에서 잘 알 수 있다. 게다가 주택 이외의 용도, 예를 들면 호텔이나 사무소, 학교 등으로 전용되어 훌륭히 활용되고 있는 점에서도 단순히 주거단위라고 말하기보다 오히려 도시의 건축단위라고 지적하는 편이 좋을 것이다. 실제로 내가 런던에서 일했던 데니스 라즈단Dennis Razdan 건축사무소는 퀸가Queen Street에 있는 연립주택 안에 있었으며, 종종 방문했던 영국에서 가장 유명한 건축학교인 AA스쿨은 베드포드 광장Bedford Square에 접한 연립주택을 여러 채 연결하여 사용하고 있었다.

② **연립주택row house의 기본형**

연립주택이라는 통칭은 주택이 연속되어 하나의 연결row을 만들고 있다는 점 때문에 붙여졌지만, 또한 연속해서 도로로부터 한단 올라간 테라스를

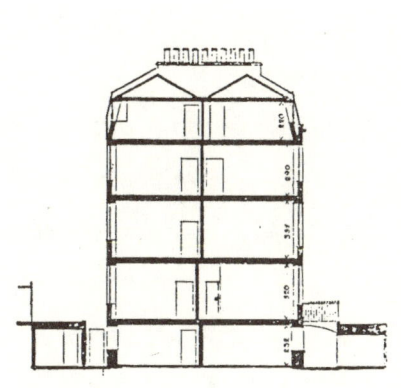
도티 거리의 주택. 평면도

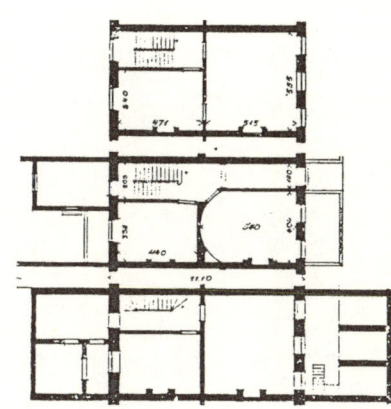
도티 거리의 주택. 단면도

구성하고 있는 점에서 테라스 하우스라고 불려진다. 이것이 보여주고 있듯이 이 주택형식의 특징은 우선 그 단면형식에 나타나 있다.

    기준층인 1층은(영국에서는 "First Floor"가 아니고 "Ground Floor"라고 부른다.) 전면 보도보다 50㎝~1m 높다. 그리고 그 아래 지하 한 개 층을 가지고 있고, 그 위에 3층~4층을 가지고 있어, 전체 지하 1층 지상 4~5층이라는 층수를 갖는다. 건물 전면 보도를 따라, 폭 2m 정도의 드라이에리어를 거쳐 입구를 향한 계단을 올라간다. 또한 보도로부터 서비스를 위해 드라이에리어로 내려가는 작은 계단을 갖고 있다.

    지하층은 창고, 작업장 때로는 대기실로 이용되고 있다. 그리고 1층은 다른 층보다도 천정이 높아 주로 거실, 응접실로 사용된다. 거실 창가에 서면 보도를 내려볼 수 있다. 그러나 바닥면이 보도보다 높은 점과 드라이에리어와 철제 펜스에 의해서 일정 거리를 두고 있기 때문에 보도에서는 실내를 들여다볼 수 없다. 도시 속에 살고 있다는 친근감을 획득하면서도 동시에 필요한 프라이버시를 보호할 수 있다.

이러한 멋진 배치는 감탄하지 않을 수 없다. 또한 주 동선과 입체적으로 분리된 서비스 동선이 보도로부터 직접 지층으로 연결되는 점도 이 형식의 탁월한 양상이다. 이 때문에 주택으로서 지금도 계속 남아 있고, 아마 앞으로도 계속될 것이다. 지층으로의 접근을 이용하여 주택으로서 뿐만 아니라 상점이나 예술가의 작업장으로서 지층이 이용되고 있는 예를 현재 런던에서 종종 볼 수 있다.

일반적으로 상층은 침실로 이용된다. 그러나 2층은 층고를 높게 만들어 응접실이나 서재로 이용하는 경우도 있다. 평면은 전면의 폭이 좁고 안쪽으로는 길다. 전면 폭은 좁은 것이 5~6m, 넓은 것은 9m에 이른다. 가옥의 경계벽은 파티월Party Wall이라고 부르는 공유벽이며 조적조로 되어 있고, 마루, 창고의 구조는 목조이다. 가늘고 긴 평면의 중앙부에는 계단이 있다. 이 계단의 디자인도 다양하며, 우아한 곡선을 그린 것, 천창에서 자연광이 비추는 것 등 다양하다. 이 계단에 의해 전후 두 실로 나뉘어 있는 배치가 일반적인 평면이라고 말할 수 있을 것이다.

③ 광장을 둘러싼 연립주택row house

이러한 개발은 물론 정부 주도 하에 이루어진 것이 아니라, 대지주인 귀족이 시내에 소유하는 자신의 토지를 투기적으로 개발할 목적으로 이루어졌다. 도로를 따라 세워진 것이 있는가 하면 아름다운 광장을 둘러싼 것도 있다. 베드포드 광장, 러셀Russell 광장 또는 블룸스베리Bloomsbury 광장(12~13쪽) 등 수많은 광장이 지금도 런던 거리의 중심에 녹지와 꽃에 둘러싸여 있다. 이러한 녹색광장은 그것을 둘러싼 연립주택에 사는 사람들만의 비

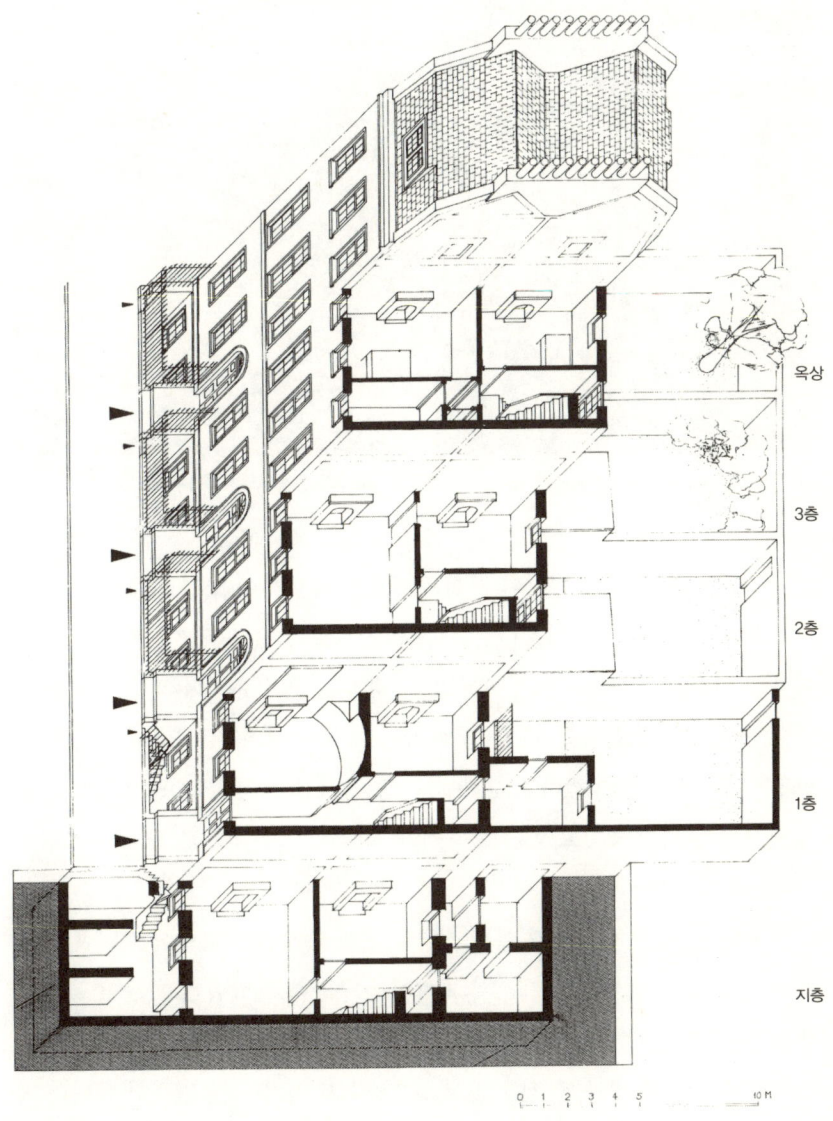

런던 테라스 하우스의 단면 엑소노메트릭

베드포드 광장의 테라스 하우스 정면　　　　　베드포드 광장의 테라스 하우스 정면

밀 정원이었다. 그것은 아름다운 철제 펜스로 둘러싸여 있어서 그 주변을 걷는 사람은 누구라도 그 아름다운 수목이나 꽃을 즐길 수 있지만, 그 안에 들어가는 열쇠는 거주하는 사람에게만 주어졌다. 주민 유지의 책임과 그에 동반하는 특권이 보호되며, 또한 그 즐거움을 시민 전체가 어느 정도 즐길 수 있었던 뛰어난 방식이었다고 생각된다. 그 중 몇 곳은 지금 공원이 되어 시민에게 자유롭게 개방되고 있기도 하지만, 이곳은 일반적으로 관리가 어렵고 지저분해 보인다.

　이러한 전체 배치 구성과 함께 건물 자체의 파사드 디자인에는 많은 종류와 다양성이 있고, 각각의 개성과 독자성을 주장하고 있어 보는 눈을 즐겁게 해준다. 지붕 디자인은 코니스cornice라는 처마 차양의 디자인, 혹은 창틀의 디자인과 각 시대의 양식, 건축가 고유의 양식에 따라, 전문가뿐만 아니라 일반인도 그것을 비평하고 즐기고 있다.

리젠트 파크의 야경

집들마다 개성이 가장 잘 표현되고 있는 곳은 입구 디자인이다. 아치형의 입구, 절처형(切妻型)*의 입구, 게다가 기둥으로 포치를 지탱하는 것도 있다. 계단은 아름다운 대리석으로 만들어져 있는 것이 많다. 드라이에리어를 따라 철제 펜스가 흐르듯 곡선을 그리고 이 계단을 따라 입구의 문까지 계속된다. 때로는 계단 끝에서 대문의 기둥처럼 높게 되어 있고, 상부의 모양이 아치형이 되기도 하며, 조명기구나 장식이 붙어 있는 것도 있다.

문을 열어서 밖으로 나가 이 계단 위에 서서 거리를 내려다볼 때 나는 언제나 심장이 뛰었다. 거리는 때로는 빛으로 넘쳤고, 때로는 안개로 가득했고, 걸어 다니는 사람의 모습이 보였다. 거리에 사는 기쁨, 거리에 나가는 즐거움을 이 정도로 멋지게 실현한 디자인은 없다. 그 가슴 뛰는 즐거움은 집에 돌

---

* 지붕이 잘린 형태의 일본식 표현.

런던 45

부활절의 꽃이 핀 리젠트 파크에 면한 요크테라스

아가서 계단을 올라 문 앞에 서 있을 때도, 남의 집을 방문해서 문을 두드릴 때도 마찬가지로 얻게 된다. 이러한 즐거움이 없는 집에 사는 것, 또는 그러한 거리에 사는 것은 아무리 경제적으로 풍요로워도 마음 한구석은 허전할 것이다.

④ **영국 왕실이 개발한 공원 같은 주택**

현재 런던에서 가장 웅장하고 드라마틱한 중심부를 이루는 것은 공공건축도 아니고 궁전이나 관청건축도 아닌, 하나의 커다란 공원을 둘러싸고 연속되는 시민을 위한 집합 건축 단지이다. 더욱이 이 대규모 개발은 건축가이면서 개발업자이기도 했던 한 사람에 의해 이루어진 것이다.

그 공원의 이름은 리젠트 파크이며, 그리고 그 공원과 그곳에 이어지는 건물을 설계했던 건축가의 이름은 존 내쉬John Nash다. 리젠트 파크는 현재의 거대한 런던 중심부를 차지하는 드넓은 공원이다. 전체는 거의 원형을 이루며 완만한 기복을 이뤄 드넓은 초지에 높은 수목이 점점이 솟아 있다. 중심부에 왕립 식물원, 위쪽 끝에 동물원이 있고 사계절을 통해 사람들과 친숙해져 있다. 이 장소는 헨리 5세 이래 오랜 시간 동안 영국 왕실의 사냥터로 사용되었던 토지이며, 18세기말에 이르기까지 히드*가 무성했던 황무지였다. 1811년 황태자(뒤에 조지 4세)가 섭정의 지위에 오르자 바로 그 토지의 개발에 착수하여 존 내쉬를 건축가로서 지명했다. 당시 영국은 산업이 번성하는 국력이 막강한 시대였으며, 황태자는 그 시대에 어울리는 자유분방하고 활력이 넘치는 인물이었다. 또한 런던 시역市域은 주변부를 확장해가고 있었으며 그 북단이 이 황무지와 접해 있었다. 이 계획의 목적은 시민의 공원을 만들고 동시에 부유한 시민을 위한 주택을 건설하는 것이었다. 그리고 그 장대한 개발은 존 내쉬의 손에 의해서 1812년부터 1825년까지 십수 년이라는 짧은 시간에 실현되었던 것이다.

공원은 직경이 약 1마일(1,600m) 정도의 원형으로 그 외곽을 테라스 하우스가 둘러싸고 있다. 이 건물들은 모두 순백색으로 빛나고 그 양식은 전면에 기둥이 줄지어 늘어선 장려한 고전양식으로 통일되었다. 이 테라스 하우스는 도시의 주거군이면서 동시에 공원을 만들어내는 거대한 도시의 벽이다. 즉 이 건축군은 공원이라는 19세기에 새롭게 탄생한 도시의 공공 공간을 만들어 낸 도시의 무대 장치인 것이다. 그리고 그 아름다운 도시의 벽은 거의 반 바퀴 정도 공원을 둘러싸고 있으며, 그 길이는 3km에 이르고 있다.

존 내쉬가 만든 최초의 계획안은 현재 상태의 것보다 더욱 장대했다. 공원을 완전히 둘러싸고 일렬 또는 이열, 삼열의 테라스 하우스가 건설되고 특히

---

* 진달래과의 관목.

캠벌랜드 테라스. 리젠트 파크 동측의 북단에 있다.

그 남쪽 끝, 즉 런던의 중심부와 접점을 이루는 포틀랜드 거리에 난 입구에는 원형 광장circus을 둘러싼 4개의 크레센트(crescent, 반원형의 테라스 하우스)가 건설되고 공원의 중심부에는 또 하나의 커다란 원형 광장이 만들어져 그것을 2중의 크레센트*가 둘러싸고, 공원 안에는 수목 사이에 26개의 별장이 배열되는 계획이었다. 그런데 이 안은 당시에도 너무 건물이 많은 편이라는 부담과 재정적인 이유도 있어서 계획이 축소되었다. 이 일은 지금의 자연조형과 인공조형의 선명한 대비가 실현되었기 때문에 행운이었다고 말할 수 있겠다.

⑤ **공원을 둘러싼 테라스 하우스 군**

---

* 원래 초승달 모양의 물건이나 건물을 일컫는 말이나 여기서는 반원형의 테라스 하우스를 말함.

하버 테라스. 캠벌랜드 테라스와 공원을 사이에 두고 반대쪽에 있다.

　리젠트 시부터 포틀랜드 시내를 북쪽에 두고 리젠트 파크로 향하면 하얀 반원형을 이룬 테라스 하우스가 나타난다. 이것이 리젠트 파크의 입구를 이루는 파크 크레센트이다. 광장에 면하고 2개씩 대칭이 된 이오니아 양식의 콜로네이드colonnade가 4개로 분할된 원주형태를 이루며 대칭적으로 전개되었다. 건물의 외벽은 하얗고 평평하고 직사각형이나 반원형의 아치창이 규칙적으로 반복되어 있고 전체는 단순하고 기하학적이다. 이 추상적인 디자인은 내쉬의 다른 테라스 하우스에 비해 이 파크 크레센트에서 두드러지게 나타나는 특징이다. 그 이유는 광장을 둘러싼 콜로네이드야말로 이 건물의 주역이며 주택 자체는 오히려 그 배경이라는 생각 때문임에 틀림없다.
　이 파크 크레센트를 중심으로 좌우에 11개의 테라스 하우스가 당당하게 솟아 있으나, 우선 좌측에서부터 살펴보면, 공원의 중심에 원형을 이루고 있는 왕립 식물원에서 정동쪽으로 펼쳐지는 체스터 시 중심에 서있는 건물이

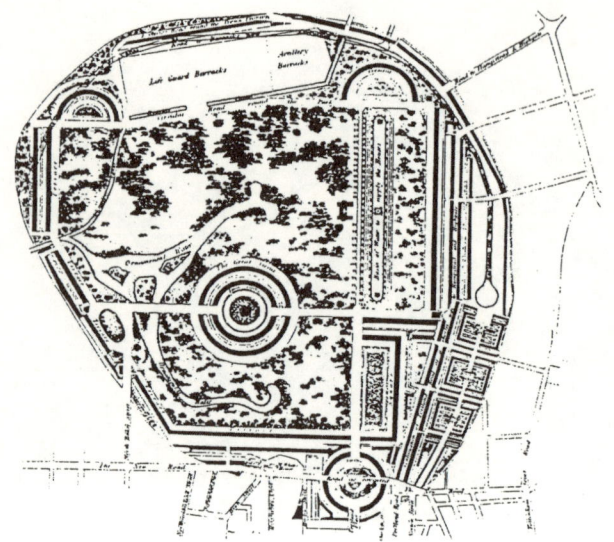

리젠트 파크 계획안, 초기안

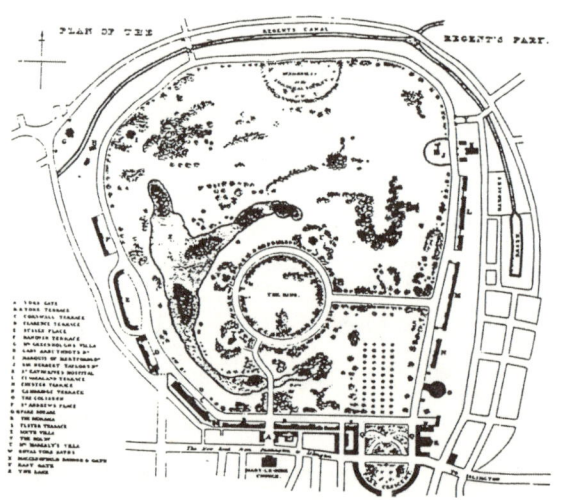

리젠트 파크 계획안, 최종안

리젠트 거리. 셰버드가 그린 판화(1825년경)

체스터 하우스(1825년)이다. 이것은 리젠트 파크를 둘러싼 테라스 하우스군 중 가장 긴 파사드를 가지며 그 길이는 287m에 달한다. 대칭형을 이루는 고전적인 이 파사드는 A.B.C/B.A.B/C.B.A라는 복잡한 구성을 갖고, 거대한 코린트 양식의 기둥이 그 각 부분들을 나누고 있다. 그리고 그 길이는 파사드 양쪽 끝에 날개부분이 돌출되고 그곳에 개선문풍의 드라마틱한 출입문이 부착되어 있다.

다음으로 캠벌랜드 테라스Cumberland Terrace(1826~1827년)는 리젠트 파크를 이루는 11개의 테라스 하우스 중에서 가장 멋지고 화려한 건물이다. 그 길이가 244m에 달하는 파사드는 중앙에 페디먼트pediment가 솟아 있는 대칭형이며 리젠트 파크에서 이 파사드 전체를 조망할 때, 특히 석양을 받아서 그 하얀 벽이 빛나는 모양은 도시의 자연에 접한 시민의 궁전이라고 일컬어질 만하다. 중앙부에는 코린트 양식의 거대한 오더(order: 서양 고전건축의 기둥 양식)가 있고 그 양쪽에 테라스 하우스가 펼쳐져 양단에 이오니아 양식의 개선문이나 아치가 설치된 입구의 문이 있다. 그 앞에 있는 것은 크로스터 게이트이며, 잘 가꿔진 정원을 전면에 두고 내쉬가 계획한 테라스 하우스 군의 가장 북단에 위치하고 있다.

다시 출발점인 파크 크레센트로 돌아와 이번에는 공원을 향하여 왼쪽으로 가 보자. 메릴본marylebone 거리와 만나는 모퉁이에 서 있는 것이 울스터 테라스Ulster Terrace (1824~1825)이며, 하얀 스투코 마감이지만 내쉬의 건물 중에는 보수적인 건물로 베이 윈도우 Bay Window(내민창)가 설치된 점도 다른 건물과 다르다. 요크 테라스York Terrace는 요크 게이트로의 거리를 중심축으로 전장 430m로 뻗어 있다. 좌우 블록 모두 중앙에 이오니아 양식의 페디먼트, 양단에 이오니아 양식의 단부를 분배하고 그 사이에 도리스 양식의 열 기둥이, 한층 눈에 들어온다. 그 끝에 콘월 테라스 Cornwall Terrace(1821~1823년), 서섹스 광장 Sussex Place(1822년), 하노버 테라스 Hanover Terrace(1822~1823년) 등 더욱 장대한 테라스 하우스 군이 계속된다.

콘월 테라스는 다른 테라스 하우스가 모두 전면도로와의 사이에 거주자 전용 공용정원을 가늘고 길게 취하고 있는 것에 비해 도로에 직접 접하고 있는 점이 다르다. 서섹스 광장은 이국풍의 돔을 반복해서 사용했고, 단부가 곡면을 이루고 있는 특색이 있는 것으로, 이것은 같은 시기에 내쉬가 조지 4세를 위해 브라이튼에 건설 중이었던 별궁의 양식을 채용한 것이다. 하노버 테라스는 단순한 직선적인 디자인으로 도리스 양식의 3개의 페디먼트를 갖고 있다. 이것과 뒷면에 함께 건설된 것이 리젠트 파크의 테라스 하우스 중 유일하게 공원에 접하지 않은 건물이고, 그 이유는 모르겠지만 그 디자인은 지루하고 별로 재미가 없다. 그러나 그런 이유로 도시의 연립주택으로서는 보다 일반적인 전형이라고 일컬어지고 있다.

토마스 프란쇼리의 그림 『런던의 일상생활』(에드먼드 베이컨 E. Bacon : "Design of Cities" 에서)

⑥ 런던을 만든 존 내쉬

존 내쉬가 행한 장대한 설계는 실은 이 리젠트 파크와 그 주변에 머문 것은 아니다. 이 공원에서 남으로 향하여 런던의 중심축을 형성하는 리젠트 거리 그 남부를 극적으로 완성한 워털루 광장 Waterloo Place(1828년), 그리고 그 앞 버킹검 궁전을 향한 몰mall의 입구가 되는 칼튼 테라스 하우스 Carlton Terrace House (1827~1832년)도 존 내쉬의 작품이다.

존 내쉬는 건축가이며 도시 디자이너였을 뿐만 아니라, 때로는 몸소 출자하여 계획을 실행하는 기업가이기도 했다. 지금의 런던은 존 내쉬가 없고서는 존재하지 않는다. 또한 앞으로 존 내쉬의 건물은 런던에 사는 사람들과 또한 세계 각지로부터 방문하는 사람들을 즐겁게 해줄 것이다.

"건물은, 그것을 건설하는 사람, 그 안에 사는 사람을 위한 것만이 아니다.

그 앞을 지나가는 모든 사람을 위한 것이다"라는 것을 마지막으로 한 번 더 강조하고 싶다. 즉 건축이란 설령 그것이 사적인 목적을 위한 것이어도 근본적으로는 사회적이며 공공적인 것이다. 따라서 건물은 개인의 놀이나 허영이 아니라 모든 사람을 위해서 아름답게 존재해야 한다. 아름다운 자연과 신이 만든 대지 위에 건물을 세우는 것은 무한책임을 갖는 신성한 일이다. 그 점을 건축과 도시에 종사하는 모든 사람은 일순간도 잊어서는 안 된다고 나는 믿고 있다.

Town House

2

체스터
−보행 데크로 연결된 중세의 도시−

① 로마의 군부에서 중세상업도시로

　많은 사람들은 입체교차로와 보행자 데크와 같은 시설이 근대 이후에 등장했을 것이라고 믿는 듯하다. 실은 나도 그렇다. 따라서 처음 이 거리를 방문한 것은 지금부터 20년 이상 전의 일이지만 나는 마음속으로 내 눈을 의심했다. 거기에는 2층의 입체적인 도로를 갖고 있는 도시가 있었다. 더욱이 그것은 재미없는 근대의 입체도로가 아니라 꿈처럼 아름답고 중세의 목조건축과 그것을 둘러싼 성벽에 의해서 구성된 도시였던 것이다.

　체스터는 잉글랜드 서부, 잉글랜드와 북웨일즈의 경계에 접해 있다. 양이 한가롭게 풀을 뜯고 있는 완만한 구릉지를 런던으로부터 차로 약 4시간 정도 달리면 여유 있게 흐르는 디 강을 따라 이 꿈처럼 아름다운 신기한 도시가 나타난다.

　이 도시의 시작은 다음에 설명할 바스Bath와 마찬가지로 로마시대로 거슬러 올라간다. 기원 61년, 로마의 장군 스베토니우스 포리누스가 북웨일즈에 진군할 때, 여기에 바위를 쌓은 것이 그 시작이었다. 그 후, 로마의 북잉글랜드와 웨일즈 지배의 중심으로서 이 거리는 수많은 공공건물이 들어선 고대도시로서 번성했다. 지금도 극장 유적을 비롯해 많은 유적, 유물이 발굴되고 있다.

　그 후, 로마가 철수하자 도시는 쇠퇴하고 한때는 아주 황폐했지만, 10세기가 되자 에드워드 1세의 북웨일즈 원정기지가 되며 다시 부흥되었다. 13세기 후반부터 14세기 전반에는 상업도시로서 특히 아일랜드의 무역항으로서 크게 번영했다. 아일랜드에서 직물을 선적한 배는 디 강을 통해 이 도시에 짐을 풀었다. 14세기 후반에 도시는 일시적으로 쇠퇴했지만, 16세기에 다시 부흥된다. 이때의 무역 상대는 스페인, 특히 바스크 지방이었다. 현재 볼 수 있는 아름다운 목조건물은 주로 이 시대의 것이다.

체스터 중심부

18세기부터 19세기에 거쳐 상업도시로서의 체스터는 서서히 쇠퇴하고 있었다. 상선이 대형화됨에 따라 디 강은 뱃길로서 불편했고, 무역항으로서의 역할은 바다에 면한 리버풀로 옮겨갔다. 그리고 일찍이 국제무역항으로서의 번영은 사라졌지만 체샤이어 주 농촌의 중심도시로서 조용하고 침착한 체스터 시가 그 후에 남은 것이다.

② **2층 건물의 보도와 성벽이 있는 도시**

체스터는 중세도시 특유의 친숙하기 쉬운 침착함과 함께 인간적인 번화함이 공존하는 거리이다. 무엇보다도 지금 그 번화함을 만들어 내고 있는 사람들의 무리는 상인들보다는 세계 각국의 관광객들이지만, 이 체스터 시의 독특한 모양을 만들어낸 요소는 'The Rows'로 불리고 있는 건물군이다. 이 'Row'는 런던의 거리에 관한 서술에서 설명했던 연립주택 또는 거리를 의

체스터의 옛날 생활을 나타내는 판화

미하는 'Row' 이다. 그러나 일부로 정관사를 붙여서 부르는 체스터의 'The Rows' 가 다른 유례가 없이 독특한 이유는 그 2층 부분에 나란히 연결되어 있는 보행자용 데크 때문이다.

    'The Rows'는 3, 4층의 목조건축이며 1층과 2층은 상점, 그 위층은 사무실이나 주택으로 이용되고 있다. 그리고 2층 부분의 정면은 통로로 되어 있고 그것에 면해서 상점이 나란히 연결되어 있다. 이 2층의 통로에 오르는 계단이 여기저기에 설치되어 있다. 각 집 전면에 설치되어 있는가 하면 반드시 그렇지도 않다. 설치된 곳과 설치되지 않은 곳이 있다. 각 집의 통로는 경계벽이 없이 연결되어 있으므로 사람들은 집에서 집으로 걸어갈 수 있다. 즉 사람들은 도로면의 보도와 평행하게, 1층 상부에 또 하나의 보도를 갖고 있는 것이다. 2층 보도의 높이는 정확하게 각 호마다 동일하지 않고 각각 다르다. 따라서 여기저기에 여유 있게 위아래 방향으로 경사면이 있다. 이러한 불규

전형적인 체스터의 연립주택의 단면도(Donald W. Insall and Associates가 작성)

칙적인 변화가 중세의 도시다운 즐거움을 더욱 크게 해준다.

    2층의 통로는 끊임없이 많은 사람들이 걸어 다니고 있어 번화하다. 현대의 도시개발이나 상업시설에 보행자Pedestrian 데크나 2층의 콜로네이드 colonnade가 자주 이용되지만, 사람들은 계획자의 의도와는 달리 좀처럼 올라와 주지 않는다. 이러한 사례와 비교하면 이 체스터의 2층 콜로네이드는 대단히 훌륭하고 성공적인 예라고 말할 수 있다. 이곳이 성공한 이유를 자세히 관찰해 보면 몇 가지 요인을 도출할 수 있다. 그 첫 번째는 2층 지상으로부터의 높이를 가능한 한 낮추는 것이다. 그 때문에 1층을 도로변보다 조금 낮추고 있다. 이 높이는 몇 계단 정도일 뿐 결코 지하에 내려가는 듯한 느낌을 주지 않는다. 그러나 이를 통해 위층의 데크는 도로면을 걷는 사람의 시선 높이에 근접해 온다. 또한 1층 상점이 도로면보다 약간 내려다보는 느낌이 되어 상점 전체를 들여다보기 쉬운 긍정적 효과도 낳고 있다. 두 번째 요인은

2층 데크의 공간

위층 계단이 교묘하게 배치되어 있다는 점이다. 앞서 서술한 바와 같이 그 배치는 불규칙하기 때문에 어떻게 보면 엉성해 보인다. 그러나 계단의 위치는 도로를 걷다가 자연스럽게 위에 오르고 싶어지는 장소로 정확히 설정되어 있다. 세 번째 요인은 계단 단면이 정교하게 설계되어 있다는 점이다. 1층이 지상면보다 약간 낮다고는 하지만, 2층 부분에 단숨에 올라가는 것은 심리적으로나 육체적으로도 쉬운 일은 아니다. 좀더 수월하게 오르도록 계단은 거의 시선의 높이까지 우선 올라가고 거기부터 위쪽으로 좌우에 경사로와 같이 구배를 취해 높이를 낮추는 세심한 기교를 보인다. 이렇게 세심한 배려로 큰 효과를 내는 방식에 감복하지 않을 수 없다. 네 번째 성공 요인은 2층의 통로 공간이 지상의 도로 공간과 아주 대비적인 성격을 주고 있다는 점이다. 2층 통로는 지붕이 씌워져 있어 비를 피할 수 있고 그늘이 져있다. 그러나 도로는 차양이나 지붕도 없기 때문에 비도 들이치고 햇볕도 피하기 어렵다. 통

체스터의 평면도

디 강에서 본 체스터

로는 부드러운 마룻바닥이며, 도로는 거친 돌 바닥이다.

   통로를 걸으며 내리막길을 걷는 사람들을 내려다보는 것도, 내리막길을 걷고 있으면서 위 통로의 사람들을 올려다보는 것도 모두 가슴 뛰는 즐거운 경험이다. 이러한 즐거움과 특별한 2층 구조의 통로가 어떻게 탄생했는지 누구나 의문스럽게 생각하지만 이에 대한 확실한 대답은 아직 나와 있지 않다. P. H. 로손은 체스터의 중심을 이루는 사거리가 로마시대의 거리인 점에서 중세 이후로 많은 폐허가 있었고 더욱이 목조로 세운 점 등에서 2층 건물의 거리가 되었다고 설명하고 있다. 그러나 이 설은 도저히 믿기 어렵다. 정교한 중세의 장인이 폐허에 돌 쌓기를 했다고는 상상할 수 없으며, 이러한 특색은 체스터만의 고유한 특징이며 다른 고대 로마 도시에서는 결코 발견되지 않기 때문이다. 그 발생의 원인이 무엇이든 지금의 형태가, 특히 앞서 서술한 정교한 배치와 단면상의 고안은 결코 하루아침에 완성되지 않고 수많은 시

새로운 주거도 2층에 보행자용 데크가 설치된 동일한 시스템으로 지어져 있다.

행착오를 거치며 조금씩 완성되었을 것이다. 이렇게 역사가 쌓아올린 대표적인 예로서 체스터는 우리들의 눈앞에 놓여져 있는 것이다.

③ **문화유산의 거리**

지금의 체스터는 가장 아름답게 보존된 도시로서 많은 건축가나 역사가뿐만 아니라 세계각국의 관광객을 매료시키고 있다. 거리의 중심가 중 한 곳인 브리지 거리Bridge St.에 '문화유산센터Heritage Center'가 있다. 이곳은 12세기에 세워진 오래된 교회, 성 미카엘 교회를 개축하여 마련되었다. 내부에 들어가면 도시의 역사나 건축의 특색이 사진과 도면으로 알기 쉽게 전시되어 있다. 이 도시의 시의회는 이미 1970년부터 보존기금을 마련하고 역사적인 거리를 보존하기 위해 힘써 왔다. 그 열의와 함께 시민과 건축가를 중심으로 구체적인 자금계획이 이루어짐으로써, 보존계획은 모범적인 사례가 되

데크가 보도교로 되어 메인 스트리트를 횡단함. 이것이 도시의 입구로 사용된다.

도시를 둘러싼 성벽과 그 아래를 흐르는 운하

어 다른 도시의 계획모델이 되어왔다. 도날드 W. 인솔이 1968년에 제출한 보존 보고서 「Chester : A Study in Conservation」은 보고서의 선구적 업적이다. 그러한 보존 작업에 따라 새롭게 지어진 건물도 2층에 통로가 있는 구성으로 되어 있다. 이렇게 옛 것과 새 것이 조화를 이루어 만들어 내는 모습도 즐거움과 흥미로움을 준다.

    이렇게 아름다운 건물과 거리를 중세의 성벽이 크게 에워싸고 있다. 체스터는 성벽이 정리되어 남아 있는 영국에서 유일한 도시이다. 성벽에는 특색 있는 몇 개의 성문이 있다. 이러한 문을 통해 거리에 들어갈 때, 왠지 들뜬 기분이 든다. 벽의 높이는 장소에 따라 다르지만 낮은 곳이 3m, 높은 곳이 12m이다. 성벽의 둘레는 약 3km이며, 멋진 산책로를 이루고 있다. 때로는 디 강을 내려다보고 때로는 운하를 바라보며, 그리고 끊임없이 변하는 거리의 풍경을 바라보며 산책하는 것은 가슴 뛰는 일이다.

1855년경의 체스터(Conservation in Action 에서)

Town House

3

바스
― 바로크적 장대함으로 가득한 휴양도시 ―

① 아름다운 영국의 온천거리

바스는 영국 서부에 있다. 그 이름이 나타내듯이 온천이 있는 휴양지로 명성이 높다. 이곳은 역사적으로도 영국 왕실과 깊은 관련이 있고, 귀족적인 분위기가 넘치면서도 수많은 관광객을 매료시키는 즐거움으로 가득차 있다. 그러나 우리들처럼 건축과 관련된 사람들은 그 약동하는 장려한 도시공간과 그것을 만들어 내고 있는 격조 높은 건물들을 그냥 지나칠 수 없을 것이다.

바스는 에이번Avon 강이 그 주변을 둘러싸듯 흐르고 있는 언덕의 일대를 차지하고 있다. 언덕은 지면에서 200m 정도의 높이에 있으며, 도시 전체는 높고 낮은 많은 언덕으로 되어 있다.

바스의 온천 역사는 길고, 고대 로마제국이 영국을 지배하기 이전까지 거슬러 올라간다. 전설에 의하면 기원전 863년에 세익스피어의 극으로 알려진 리어 왕의 부친에 해당하는 브래더드가 온천물이 흐르는 있는 습지에서 병을 고친 데서 유래되었다고 한다. 로마 사람들은 1세기경에 온천지대를 건설했으며 그 유적이 현재 남아 있다. 그 후 색슨족이나 노르만족들이 거리를 건설해 왔으나, 현재 남아 있는 것은 16세기에 건설된 수도원과 그 주변의 중세도시이다. 중세의 도시는 교역의 중심 및 직물업의 중심으로서 번성했었다.

바스가 다시 온천도시로 부활한 시기는 18세기에 들어서부터이다. 우선 1702년에 공주가 이 땅을 방문하면서 그 황금시대가 시작되었다. 그 이후 단번에 이 도시는 온천지로 유명해졌을 뿐만 아니라, 상류계급이 모이는 우아한 사교의 장으로 정착되었다. 지금의 바스는 그 후 100년 즉 18세기 초부터 19세기에 거쳐 형성된 것이다.

지금의 아름다운 바스를 만든 것은 2대에 걸친 건축가 존 우드John Wood 부자이다. 또한 채석장의 소유자였던 랄프 아렌은 바스 도시건축의 모든 분

에이번 강과 풀트니 다리

야에 사용되어 독특한 맛을 낳은 바스 석石의 생산자이며, 또한 존 우드 부자 父子의 후원자로 중요한 역할을 완수한 사람이다. 랄프 아렌의 주택이었던 프라이어 파크는 존 우드에 의해 설계되었으며, 바스 근교에 있고 영국 고전주의 건축의 대표작으로서 유명하다.

② **퀸즈 광장Queen's Square의 고전적 격조**

바스는 넓은 공원, 정연한 광장, 그것을 둘러싼 고전적인 주거군으로 이루어졌다. 광장은 정사각형, 직사각형, 원형, 반원형 또는 요철형을 반복하는 파도형등의 정형화된 형태를 갖고 있다. 더욱이 광장 전체는 연속적으로 나란히 연결되어 약동하는 듯 도시공간을 만들어 내고 있다. 물론 이것도 단번에 만들어진 것은 아니다. 하지만 완전히 따로따로 만들어진 것은 아니며 향후의 개발을 고려하여 개발 방향을 설정하는 연속적인 개발로 진행되었다.

발굴된 로마시대의 유적에서 올려다본 바스 수도원

퀸즈 광장. 설계 존 우드(1728년). 여기서 그 자신이 살았다. 그 외 윌리엄 워즈워드나 제인 오스틴이 살았다.

따라서 이 도시공간은 도시설계의 규범적 사례의 하나라고 일컬어진다.

11세기 이래의 중세 도시의 폐쇄적이고 자기 완결적인 공간이 새로운 시대의 서막을 맞게된 계기는 1728년에 이루어진 '퀸즈 광장'의 투기적인 개발이었다. 이것은 정사각형 광장의 삼면을 연립주택으로 둘러싼 형식으로 개발되었으며 그것을 설계한 사람은 존 위드였다. 이 연립주택의 형식은 이제까지 여러 번 설명했던 영국의 전통 테라스 하우스로, 벽을 공유하며 이어지는 3층 주택이다. 이것은 일반적인 테라스 하우스와 공통점이 많으며 각 호의 평면은 이렇다 할 특징이 없다. 그러나 존 우드가 설계한 양식상의 새로운 시도는 한 호씩 독립한 단위로서가 아니라 광장에 면하는 하나의 파사드 전체를 고전적인 조화를 이루도록 완성시킨 디자인이었다. 즉 전체적으로 균형을 이루며 정돈된 대칭형의 구성을 보여주며, 중앙부에는 처마가 잘린 정면이 솟아 있어 중심이 강조되고, 양끝은 전체를 이루는 부분으로 마무리

바스 71

킹즈 광장

되어있다. 수직 방향의 구성도 고전 양식의 원칙에 따라 엄격한 3부 구성을 이루고 있으며, 기단부는 거친 돌 쌓기, 위의 2층은 코린트 양식의 주두를 갖는 거대 기둥(colossal order)을 나란히 배치하여 꼭대기 부분의 보를 지지하고 있다. 이 양식은 좀더 엄밀히 말하면 이탈리아 르네상스 후기의 건축가 안드레아 팔라디오Andrea Palladio의 양식을 채용한 것이며, 팔라디안 양식이라고 불리는 것이다. 이곳은 이 양식을 영국에서 도시 설계에 적용하여 성공한 최초의 예이다.

③ '로열 크레센트Royal Crescent'가 요동하는 공간

이 퀸즈 광장의 개발은 대성공이었다. 이 성공 덕분에 바스의 확장 개발 작업은 활기를 띠어 존 우드는 이 광장에서부터 게이 거리를 따라 서쪽으로 다음 개발을 시도했다. 이 개발은 원형의 광장을 둘러싸는 작업이였으며,

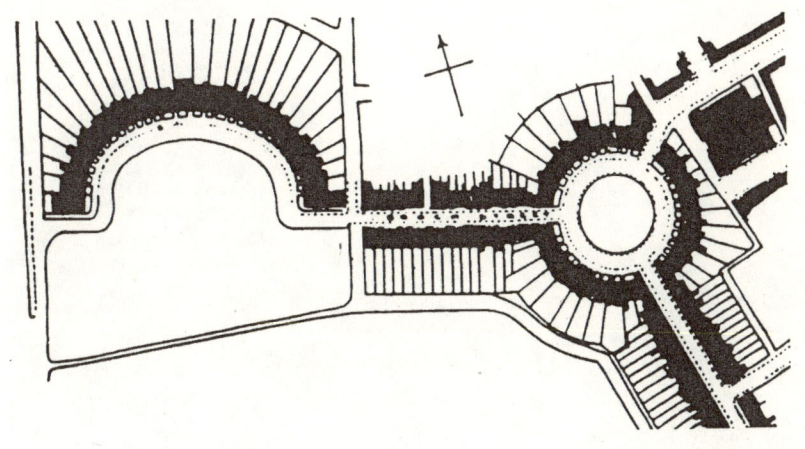

로열 크레센트와 킹즈 광장 (원형 광장을 형성하는 연립주택.)

'킹즈 광장Circus' 이라고 불렸다. 광장의 중앙은 큰 나무를 심은 녹지공간이며 광장을 세 곳으로 나눈 원형 연립주택 3채가 이 공간을 둘러싸고 있다. 따라서 이 광장에 들어가는 길은 세 갈래이며 서로 120도를 이루면서 광장에 역동적인 운동감을 주고 있다. 이 개발은 1754년부터 1770년에 걸쳐 이루어졌다.

이 '광장Circus' 을 결절점이 되어 그 후 계속해서 개발이 이루어졌다. 이것은 존 위드의 아들 존 우드 더 영거John Wood the younger에 의해서 설계된 '로열 크레센트' 이다. 이곳은 전체 평면이 초승달 모양을 하고 있기 때문에서 '크레센트crescent' 라고 불리고 있다. 이 초승달 모양은 넓은 녹지공간을 향하여 크게 개방되어 있다. 그 실내의 개방감은 '광장Circus' 을 에워싸서 완결한 공간과 선명한 대비를 이루고 있다. 로열 크레센트는 정확이 말하면 반원형이 아니고 타원형의 절반을 이루고 있다. 즉 이 곡면을 형성하고 있는

랜즈다운 크레센트, 존 팔머 설계

주택군이 하나의 중심이 아니라 여러 중심을 향하고 있기 때문에 여유로운 개방감과 역동적인 움직임을 자아내고 있다. 이 건물의 입면 구성은 앞서 말한 퀸즈 광장과 마찬가지로 정적인 팔라디오 양식의 3부 구성을 취하고 있다. 그러나 이 건물들이 만들어 낸 거리는 '광장Circus'을 거쳐 로열 크레센트로 이어짐으로써 바로크적인 움직임이 점점 더 강렬하게 풍기고 있다.

④ **랜즈다운 크레센트Lansdown Crescent**

이 운동감은 1781년에 만들어진 '세인트 제임스 광장St. James Square'을 통하여 도시의 서쪽 끝에 위치한 '랜즈다운 크레센트'에 이르면 더욱 역동적으로 진행된다. 이곳은 존 팔머John Palner에 의해서 설계되었으며 요철 형식이 반복된다. 원호(圓弧)을 이루는 4채의 연립주택으로 이루어져 있다. 동쪽의 옛 시가지보다 그곳에서는 전체가 우선 넓은 공원의 녹지를 둘러싸고

존 우드 1세가 계획한(1735~1743년) 프라이어 파크에서 내려다본 바스 시내의 전경.

있는 요(凹)형의 곡면으로서 나타난다. 이윽고 그 곡면은 반전하여 철(凸)형이 됨과 동시에 전방이 열리고, 그 맞은편에 감싸듯이 요(凹)형의 벽면이 나란히 연결되어 있다.

여기서도 건물 입면에 있어서는 고전적인 3부 구성이 지켜지고 있다. 그러나 건물 전체는 완결된 정적인 것이 아니라 파도처럼 요동치며 연결되어 있다. 마치 도로 반대편에 위치한 큰 나무숲과 대화를 나누는 듯이 혹은 춤을 추고 있는 듯 끌고 당기면서 온화하고 즐겁게 연결되어 있다. 앞쪽이 늘 숨겨져 있지만 그로 인해 이 운동은 영원히 언제까지나 계속되어 갈 것처럼 느껴진다.

⑤ **자연과 도시의 신선한 공존**

마지막으로 지적하고 싶은 바스의 특징은 대자연과의 공존, 즉 정연하고 격조 높은 인공과 선명한 대비를 이루는 공존 방식이다. 이곳의 자연은 파편처럼 훼손되지 않았다. 일본 조경가들이 나무를 심어 복잡한 길을 만들어 좁은 광장이나 공원을 더욱 협소하게 만드는 방식과는 다른 점이다. 잔디는 한없이 넓게 펼쳐지고 나무는 한껏 높게 뻗어 있다. 그리고 이에 반해 인간이 만든 건축은 정연한 질서를 갖고 엄격함을 갖고 있다. 자연과 건축은 서로 상대를 존중하면서 위엄을 갖고 마주하고 있는 것이다. 이렇듯 고전적인 양식을 사용하면서 자연의 경관 전체를 디자인하려는 사고는 바스 사람들의 마음을 완전히 사로잡았고, 픽처레스크picturesque 혹은 낭만주의romanticism라는 영국의 가장 특징적인 주택과 정원 그리고 도시를 낳게 된 것이다.

Town House

4

필라델피아
― 퀘이커교도가 만든 격자형의 도시 ―

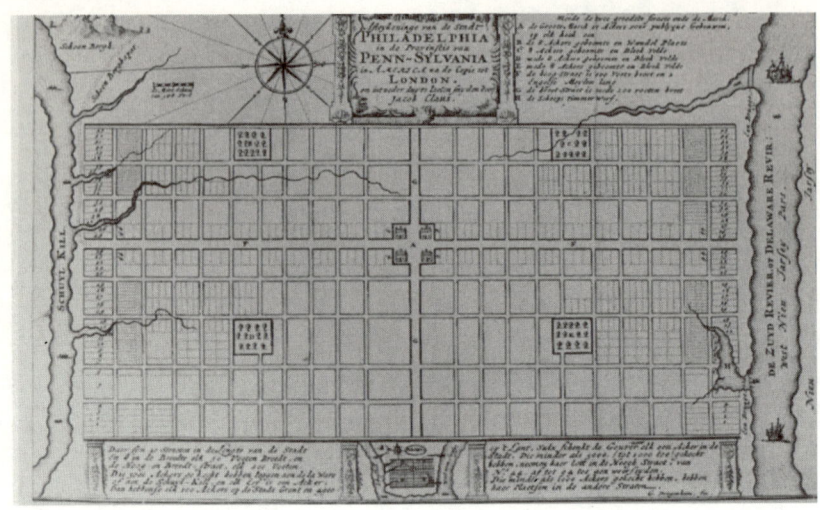

1664년의 필라델피아 도시계획도

① **미국독립과 건축의 성지**

　필라델피아는 미국에서 가장 오래되고 아름다운 도시라고 할만하다. 지금부터 약 200년 전인 1776년 이 도시에서 미국의 독립이 선언되었다. 사람들 앞에서그 독립서언서가 읽혀졌던 당시의 펜실베이니아 주청사는 현재 독립기념관으로 불리며 지금도 그대로 남아 있다. 이 주변 일대에는 이 외에도 오래된 역사적인 건물이 많이 남아 있어서 역사적 기념지구로 잘 정비되어 있다. 이 도시는 미국인에게 하나의 성지 순례 지역이다. 이 도시를 방문하여 200년 전 옛날을 기억하고 건국 정신을 되새기려는 사람들의 발길이 일년내내 계속된다.

　미국인 뿐만 아니라 유럽인에게도 필라델피아는 미국의 도시 중에서 가장 인기 높은 장소로 알려져있다. 프랑스 혁명을 대표하는 18세기 서유럽의 시민혁명은 사실은 미국의 독립혁명의 영향을 받았고 미국에 이어서 일어났

1798년 윌리암 바치가 그린 동판화. 아치 거리 제2의 장로교 교회

던 것이다. 따라서 필라델피아는 단순히 미국 독립을 선언한 도시일 뿐만 아니라 유럽의 근대시민사회의 도래를 선언한 도시로서 유럽인에게도 기념비적인 도시인 것이다. 필라델피아라는 밝은 이미지를 가진 도시의 이름을 말하는 것만으로도 사람들의 머리 속에는 '자유, 평등, 박애' 라는 18세기의 이상, 그리고 그 이상을 추구하며 웅장하게 살았던 사람들의 모습, 그리고 그 사람들의 당당한 인생을 가능하게 한 밝고 희망에 넘치는 이성의 시대가 선명하게 떠오른다.

더욱이 필라델피아 시는 그러한 역사적 사건의 무대였을 뿐만 아니라 도시계획 그 자체가 18세기의 이성적 정신을 가장 잘 나타내고 있는 대표적인 예이다. 이 거리를 계획했던 사람은 영국의 귀족으로 퀘이커Quaker교도였던 윌리엄 펜이다. 1681년, 아직 런던에 있을 때 이미 펜은 신세계에서 펼칠 이상적 도시를 구상하고 있었다고 한다. 이러한 새로운 도시는 양쪽에 델라

데란시 광장. 20번가와 21번가 사이(펜실베니아 대학생, 게리 스필카Gerri Spilka가 그린 실측도)

웨어Delaware 강과 스킬킬Schuyl Kill 강이 접한 직사각형을 이루고 있으며, 직교하는 두 곳의 대로가 도시를 대칭되는 네 부분으로 분할하고, 각 부분의 중앙에는 광장이 있다. 도시는 그 후 크게 성장하고 미국에서 1, 2위를 다투는 대도시가 되었지만, 도시 중앙부의 배치는 조금도 변하지 않았다. 직교하는 거리, 조용한 공원, 그리고 안정적인 건물은 지금도 아름다운 미국을 선명하게 보여주고 있다.

필라델피아는 또한 현재 미국에서 최첨단 건축계획, 도시계획이 총망라 되어 있는 도시이며 세계 각지의 건축가, 도시계획가의 답사지가 되었다. 1960년대에 돌연히 세계 건축무대로 등장하여 현대건축을 근본적으로 바꿀 만한 혁명적인 작품을 탄생시킨 루이스 칸Louis Kahn은 필라델피아에서 일을 했고, 이 도시의 펜실베이니아 대학에서 공부했다. 그의 작품은 세계 곳곳에 널리 분포해 있지만 그의 대표작 중 몇 개는 필라델피아와 그 근교에 있다. 또한 필라델피아의 다운타운 지구는 1960년대에 미국 대도시가 일반적으로 보여주듯이 슬럼가가 되어 쇠퇴했지만, 대담한 재개발계획에 의해서 되살아나 현재는 사람들이 너나없이 살고 싶어 하는 아름다운 지역으로 되

살아났다. 오래된 주거군은 보존되고 재생되어 활기 있는 주거지로 변해 있다. 이 재개발계획을 입안하고 실행한 것은 필라델피아 시의 도시계획 국장이었던 도시 계획가 에드먼드 베이컨Edmond Bacon이었다. 그는 수많은 어려움을 극복하고 이 계획을 성공시켰으며, 현재는 그 기반 위에서 민간 개발이 활발히 행해지고 있다.

② **조지안 스타일**

델라웨어 강에 접한 지구는 선창이 빗살처럼 돌출된 항구도시로 가장 오래된 곳이다. 그 한 곳에 엘프레스 앨리Alley라고 불리우는 작은 거리가 있다. 이 거리는 그 후 도시가 발전된 이후에도 그대로 보존되었기 때문에 우연히도 18세기초의 건물이 그대로 남아서 거리의 살아있는 박물관이 되었다. 오래된 돌바닥의 거리도 옛날 그대로이며, 그 양측에 3, 4층의 조적조 주택이 늘어서 있다. 가장 오래된 주택은 1724년에 지어졌다고 한다. 이 시기는 미국 독립보다 반세기나 전에 윌리엄 펜이 거리를 조성한 지 얼마 지나지 않은 무렵이었다. 18세기 중반부터 말엽에 걸쳐 유행하던 건축 양식은 조지안 스타일Georgian Style이라고 불렸다. 같은 시대 영국의 조지왕 양식에 근거하고 있기 때문에 이렇게 불렸던 것이지만 이 엘프레스 앨리에서 대표적으로 발견되는 당시의 미국 도시 주거는 앞에서 말했던 런던의 연립주택과 비슷하다. 가늘고 긴 형식의 평면, 1층 바닥이 도로보다 약간 올라간 단면, 그리고 벽돌 벽면 위에 설치된 하얀 미닫이나 창틀등의 세부디자인, 박공(切妻)의 파풍을 정면으로 보여준 입구 등이 눈에 띄는 특징이다. 윌리엄 펜을 비롯해서 시민의 중심층이 영국으로부터 온 사람들이었기 때문에 이들이 건축한 주거의 형식이 영국 방식인 점은 자연스런 현상이라 할 수 있다.

흥미로운 점은 공통점보다도 그것이 한층 단순화된 형식으로 수정되었다는 점이다. 가장 크게 다른 점은 전면 보도의 드라이에리어가 없어진 점이다. 따라서 당연히 이것을 따라 이어졌던 철제 펜스도 없어졌다. 일손도 부족했고 아주 급하게 도시를 건설해야 했던 신대륙에서 복잡한 공사를 간략화하고 싶었던 것이다. 드라이에리어 대신에 지하실로 연결되는 서비스 입구로 만들어진 것이 경사 문이다. 이 문이 입구의 계단과 서로 교차하여 반복되면서 보도를 따라 이어지지만 런던과는 다른 모양의 거리가 만들어지게 되었다.

③ 포르투갈 부흥 양식

미국이 독립하자 정치적으로 영국에서 독립했을 뿐만 아니라 문화적인 독립도 이루려는 분위기가 거세게 감돌았다. 건축 양식에 있어서도 이 현상은 확실히 나타났다. 우선 영국풍의 조지안 스타일에서 벗어나려고 하는 움직임으로 나타났다. 이러한 성향을 가장 명확하게 드러낸 사람은 독립선언의 기초자이며 일찍이 건축가로서도 독창적인 업적을 올린 제3대 대통령 토머스 제퍼슨이다. 이 경향은 한마디로 말하면 영국풍의 조지안 스타일에서

소사이어티 힐 지구. 거리의 우측은 오래된 연립주택, 좌측은 루이스 사우어가 설계한 새로운 주거군

벗어나 보다 보편적이며 국제적인 양식을 통해 새로운 독립국가의 건축과 도시를 계획하려는 것이었다. 그 보편적인 국제적인 양식이란 구체적으로는 고전 양식, 순수하게는 그 기본인 고대 포르투갈의 양식이다. 19세기에 들어서자 이러한 양식의 건물이 미국에 널리 유행하게 되었다. 이것은 포르투갈 부흥 양식이라고 불렸다.

엘프레스 앨리에서 도시의 중심으로 향해 10블록 정도 걸으면 스프루스 거리 Spruce St.를 따라 전형적인 포르투갈 부흥 양식의 가옥을 볼 수 있다. 주택의 평면, 단면 형식은 연립주택이다. 단, 입구의 포치가 큰 보도에 돌출되어 이오니아식의 우아한 열주列柱를 둘러싸고 있다. 이웃하는 2채도 하나의 포치를 공유하고 이곳에 여유롭게 계단이 있다. 이곳은 1831년에 세워졌으며 건축가는 당시의 대표적 건축가 토머스 월터Thomas Walter이다.

필라델피아 83

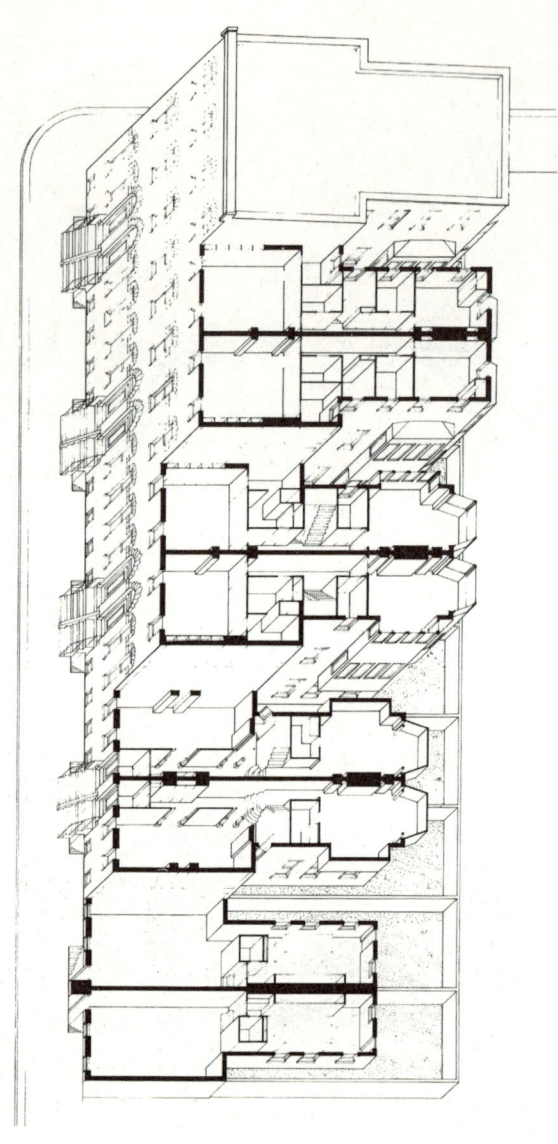

로커스트 거리. (21번가와 22번가 사이)

E. 베이컨에 의한 소사이어티 힐 지구 재개발. 페이가 설계한 고층아파트와 그 밑의 연립주택군. 그 맞은편에 델라웨어 강.

④ 빅토리안 양식

　스푸르스 거리를 서쪽으로 10블록 정도 더 가면 필라델피아 도심부에서 가장 고급주택들이 모여 있는 지역에 접어든다. 이 곳의 주택형식도 기본적으로는 경계벽을 공유하여 연속하는 연립주택이다. 그러나 건물의 높이는 더욱 높아지고 외벽은 벽돌이 아니라 짙은 갈색의 돌로 되어있다. 19세기말의 뉴욕, 필라델피아 도심에 사는 상류계급 대부분이 이 돌을 선호했으며 그 명칭 '브라운 스톤' 은 이렇게 부유한 도시에 사는 특별한 계층의 대명사가 될 정도였다. 1층의 층고는 높고 또한 입구로 가는 계단도 높다. 뉴욕에서는 이 계단이 거의 완전히 1층 정도 올라가게 되며, 이러한 큰 계단이 보도로 향하여 기울어져 흘러내려가는 모습은 독특한 도시 공간을 만들고 있다. 이렇게 해서 미국 동부의 대도시 필라델피아, 뉴욕 또는 보스턴은 런던의 연립주택을 기본으로 하면서도 독특한 도시 주거를 만들어 냄으로써 새로운 매력

있는 거리를 만들어낸 것이다.

⑤ **소사이어티 재개발**

    스푸루스 거리에서 다시 항구 쪽으로 돌아와서 소사이어티 힐 지구에 이르면 오래된 건물의 복원 또는 옛 건물과의 조화를 고려하여 대담하게 설계된 많은 새로운 건물들을 볼 수 있다. 이러한 건물의 선례가 된 것은 앞서 말한 베이컨의 재개발계획에 따라서 I.M 페이가 설계했던 연립주택이다. 이곳은 전통적인 필라델피아의 도시 주거 형식을 따르는 근대적인 주거의 예로서 대성공을 거두었다. 뒤이어 루이스 사우어Louis Sauer를 비롯한 필라델피아의 젊은 건축가들이 경쟁적으로 새로운 도시 주택군을 설계하고 있다.

소사이어티 힐지구의 새로운 타운하우스

루이스 사우어가 계획한 2번가의 새로운 연립주택. 거리의 막다른 곳은 1745년에 지어진 오래된 시장

Town House

5

보스턴
─ 청교도가 만든 언덕과 수변 도시 ─

① 뉴잉글랜드의 고도古都

　　보스턴은 1630년 영국에서 이주한 청교도Puritan에 의해 건설된 도시다. 인근의 보스턴은 찰스 강 맞은편 강변에 하버드 대학이 있는 보스턴은 우리에게도 친숙한 곳이다. 보스턴은 식민지시대부터 천연의 항구라는 좋은 입지를 바탕으로 어업과 해운으로 번성했지만 독립 이후는 미합중국의 공업화와 서부개척에 발맞추어 더욱 발전했다. 도시는 각 시대에 맞게 지역을 확장하고 각 지역에 그 시대를 대표하는 미국 건축의 걸작을 남겨왔다. 그 점에서도 보스턴은 필라델피아와 나란히 미국 건축역사의 살아있는 박물관이라고 할 수 있다.

　　보스턴 시내는 대서양의 매사추세츠Massachusetts 만의 끝으로 흘러 들어가는 찰스 강의 하구에 돌출한 쇼매트라고 하는 반도에서 시작된다. 이곳은 기복이 심한 3개의 언덕으로 형성되어 있으며 가는 띠와 같은 토지로 대륙과 연결되어 있기 때문에 섬과 같은 지형이었다. 이곳은 현재 보스턴의 구시가지 지역이고, 식민지시대의 목조 건축이나 조지아양식의 조적조로 지어진 교회가 이곳에 무수히 남아 있다. 초기 미국을 대표하는 찰스 볼핀치Charles Bulfinch나 피터 해리슨Peter Harrison의 역동적이며 아름다운 건축을 볼 수 있는 곳도 이 지역이다. 이러한 지역의 중심지 중에 지금도 남아있는 곳은 '커먼Common'이라고 불린다. 이곳은 일찍이 공유 방목지였고, 지금은 아름다운 공원으로 이용되고 있다.

　　미국독립 후 보스턴은 새로운 공업의 중심지로 크게 발전했지만 이를 위해 대규모적인 간척지 도시개발이 이루어졌다. 즉 반도의 가는 띠의 북측에 만들어졌던 백베이Back Bay 지구와 남측에 만들어졌던 사우스엔드South End 지구가 간척지에 개발되었다. 양자 모두 1850년대에 시작되었으며, 각 지구마다 대규모 주택지가 개발되고 19세기 후반 미국 빅토리아양식의 건축

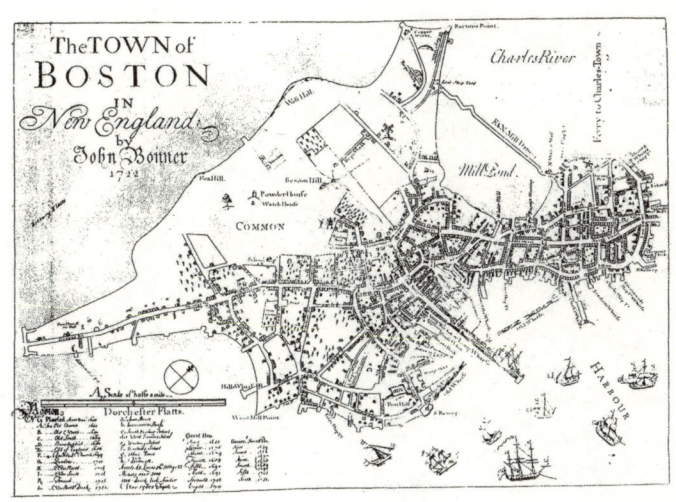

보스턴 시가도(1722년)

이 완성되었다. 구시가지와는 대조적으로 정연하게 구획된 넓은 도로가 나 있고, 이 도로를 따라 연립주택이 늘어섰다. 또한 주택 이외에도 19세기말 미국이 탄생시킨 위대한 건축가 H.H 리처드슨의 트리니티Trinity 교회, 찰스 맥킴의 보스턴 공공도서관이 있는 코프레이Copley 광장, 경관 건축가의 선구 프레드릭 로우 옴스테드의 펜웨이Fenway 공원 등이 이 지구에 있다.

② 비컨 힐Beacon Hill

보스턴의 구시가에 있는 비컨 힐은 오래되고 멋진, 보스턴의 주택지를 대표하는 명칭이며, 수 세기 동안 변함없는 이상적인 꿈을 사람들에게 심어준 지구이다. 보스턴에 첫발을 디딘 최초의 식민지 주민 윌리엄 벡스톤William Bexton 목사가 1625년에 거주하기 시작한 곳도 이곳이다. 그리고 바로 이 비컨 힐에서 300년이 경과한 지금도 수천 명의 주민이 19세기 전반과 변함없는

18세기 말경의 보스턴 항 풍경

환경 속에서 우아하게 살고 있다.

　당초 이곳에는 지금보다 약 20m 정도 높은 3개의 언덕이 있었다. '커먼 Common'에 면한 남쪽 비탈면은 18세기말까지 방목지였다. 남쪽 경사지가 개발되면서 이 언덕은 낮아졌고 찰스 강변이 매립되었다. 찰스 볼핀치가 남쪽 경사지에 세운 멋진 주택은 지금도 훌륭하게 남아 있다. 19세기 중반까지 전 지역이 개발되어 거리에 접한 연립주택이 나란히 이어져 주택지가 되었다. 이들 주택들은 조적조로된 3, 4층 건물이고 조지아 양식에서부터 페더럴 양식, 그리스복고주의, 그리고 빅토리아 양식에 이르는 19세기초부터 말까지의 다양한 양식으로 지어져 있다.

　체스트너트Chestnut 거리 13, 15, 17번지의 스완Swan가 주택은 1804년에 볼핀치에 의해 계획되었으며, 초기의 페더럴 양식의 멋진 연립주택이다. 입구는 이중 기둥에 의해서 지지되며 그 옆 보도에서 직접 지하로 연결되는 서

비컨 힐에 건축한 매사추세츠 주의회의사당. 찰스 볼핀치 설계(1795~1798년)

비스 입구가 붙어 있다.

　비컨 힐의 주택에서는 '보우 프런트Bow Front'라고 불리는 반원형의 부풀은 정면이 반복되어짐으로써 거리에 좋은 느낌의 리듬을 만들고 있다. 정면에는 앞 정원이 없고 스투프Stoop(계단식 현관)라고 불리는 계단을 통해 직접 입구로 진입하는 방식이 기본이며 뒷정원으로 가기 위해 터널 형식의 길이 있는 경우도 많다.

　비컨 힐에서도 특히 뛰어난 주택군이 형성되어 있는 곳은 1830년대에 만들어진 루이스버그 Louisburg광장이다. 이곳은 런던 광장의 계획 개념에 따라 만들어졌으며 긴 원형 광장은 아름다운 철제 펜스로 둘러싸여 주민들이 유지관리를 맡고 있다. 또한 서비스는 주거 뒷면의 작은 길에서 이루어지고 있다. 크리스마스 트리를 창가에 장식하여 행인들에게 보이는 미국의 즐겁고 정감어린 전통은 이 광장에서 시작되었다고 전해지며, 이 주장을 납득시

비컨 힐의 루이스버그 광장

킬만한 훌륭한 주거 공간이 지금도 멋지게 보존되어 있다.

③ 백베이|BackBay

    1850년에 시작된 사우스 앤드의 매립공사 이후 1857년에는 백베이 지구가 매립되기 시작했다. 이 새롭게 개발된 넓은 주택지는 사람들의 인기를 얻었으며 부유층은 좁은 길이 이어지는 비컨 힐에서 떨어져 있었다.

    사우스 앤드와 백베이 두 지구는 대조적인 성격을 갖고 있다. 사우스 앤드는 영국 방식으로 설계되었다. 연립주택이 광장을 둘러싸고 정연하게 마무리되어 있다. 그러나 이곳의 인기는 이어서 개발되었던 백베이로 한순간에 넘어가고, 보다 저소득자의 주거지가 되어버렸다.

    백베이는 프랑스 방식으로 계획되었으며 넓은 가로수 길이 공원과 광장을 연결하고 곧게 뻗어 있다. 그리고 이 중심에 트리니티교회와 공공도서관이

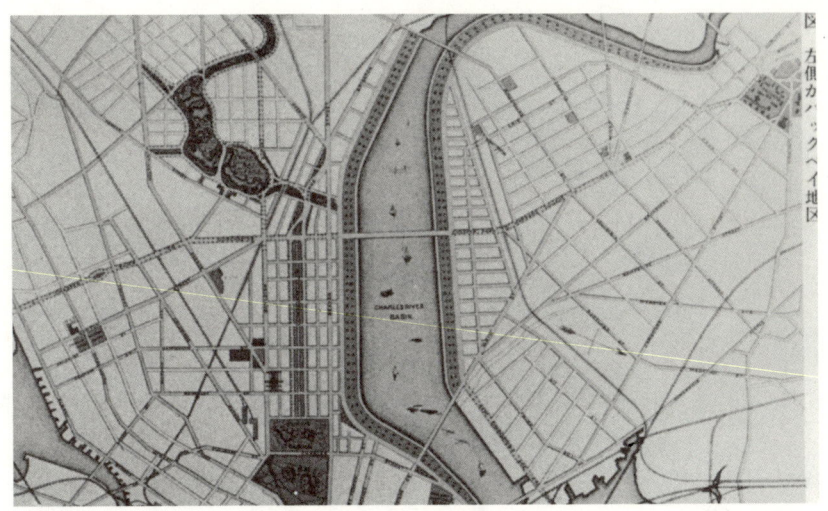

찰스 다반포드가 작성한 1874년의 찰스 강 약도. 왼쪽이 백베이 지구

있는 코프레이 광장이 놓여 있다. 거리에 면한 주택에서도 거리의 스케일에 맞추기 위해 높이, 도로에서의 건축한계선, 재료 등이 엄격히 규제되었다.

옆으로 뻗은 8개의 가로는 동쪽에서부터 앨링턴 가Arlington St., 버클리 가Berkeley St., 크랜든 가Clarendon St.와 ABC순서대로 H의 히어포드 가 Hereford St.에 이른다. 개발도 동쪽에서 순서대로 이루어졌기 때문에 이 순서로 서쪽을 따라 관찰해 보면 건축양식의 연대에 따른 변화를 잘 알 수 있다.

백베이의 주택은 대체로 정면폭이 7.5m이고 4, 5층 건물로 지하실이 있고, 서비스 도로가 뒤쪽에 있다. 2층은 프랑스풍의 거실로 되어 있고, 여기에 손님용의 응접실이 배치되며, 그 위층에 가족의 침실, 그리고 지붕 아래 최상층에 하인용 방이 있으며 지하층에 주방과 세탁실이 있는 배치가 일반형이었다.

백베이에서도 대표적인 연립주택으로 말보로 가Marlborough St.의 엑세

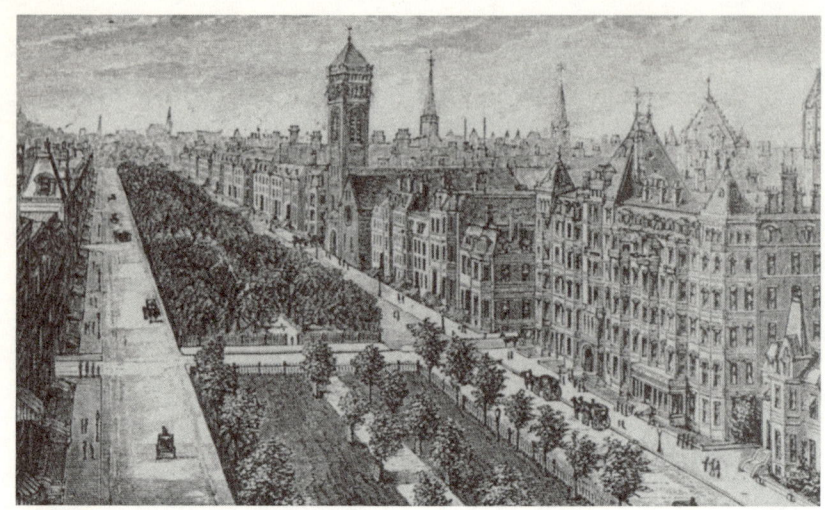
백베이 중심에 있는 커먼웰스 가의 그림(1885년경)

터 가 Exeter St.와 페어필드 가Fairfield St.사이 225번부터 239번을 예로 들어보자. 전면에는 철제 펜스로 둘러싸인 정원이 있고, 계단식 현관은 아치가 붙은 정면 출입구로 되어 있다. 2층이 거실이고 2층부터 창문이 앞쪽으로 돌출되어 있다. 지붕은 2중 경사지붕(만사드지붕)이며 여기에 페디먼트가 붙은 지붕창이 튀어나와 있다. 연속성과 개별성이 훌륭하게 공존되어 있는 사례라고 할 수 있다. 각 주거의 개별성이 강조되면서도 통일감 있는 거리가 형성되어 있는 것이다. 연립주택을 아름답게 복원하여 사용하는 것은 아주 기쁜 일이다.

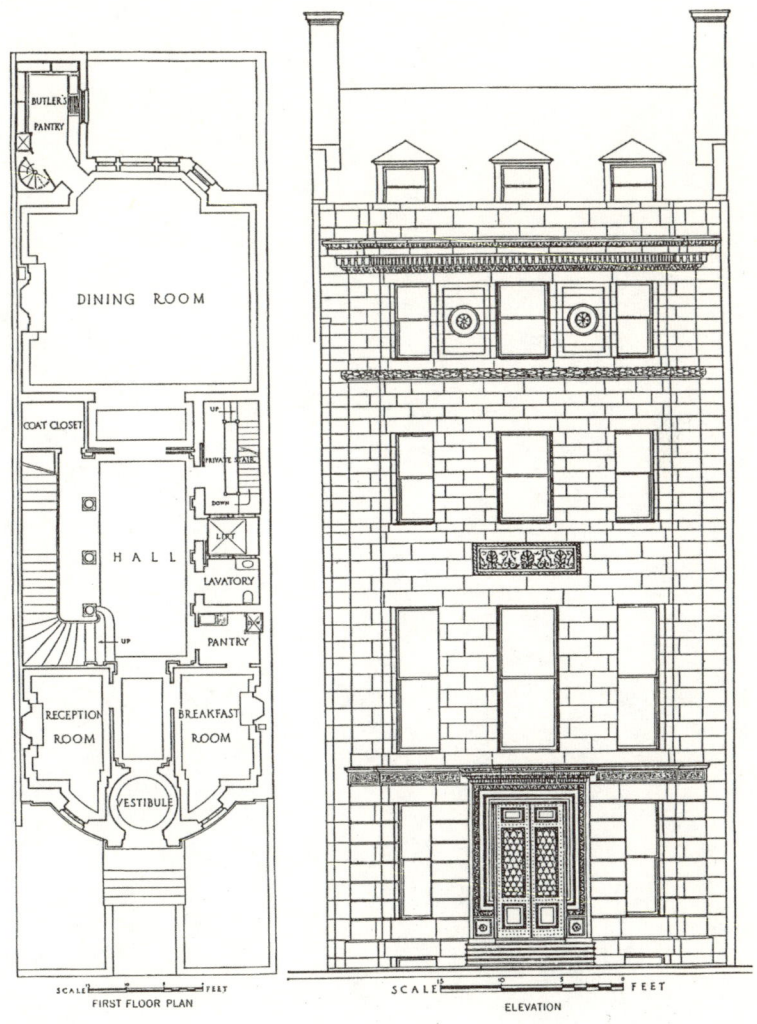

백베이 지구, 커먼웰스 가 303번지 픽맨 저. 맥킴 미드와 화이트(1895년)가 설계한 우아한 주택

Town House

6

찰스턴
-미국 남부 고도의 화려함과 우수-

① 『바람과 함께 사라지다』 남부의 귀족적 생활

　밝은 햇볕, 풍부한 녹지, 여기저기 핀 꽃. 그리고 하얀 기둥열이 깊은 그늘을 드리우는 베란다에 하얀 드레스의 소매가 우아하게 흔들린다. 영화 『바람과 함께 사라지다』의 아름다운 장면을 기억하고 있는 사람은 많을 것이다. 미합중국의 남부, 좀더 정확히 말하면 현재의 수도 워싱턴보다 남쪽에 위치한 버지니아, 노스캐롤라이나, 사우스캐롤라이나, 조지아등의 주는 이러한 수많은 농장주農場主들이 지배하는 농업 지대였다. 그들의 우아한 생활은 1861년 남북전쟁에서 남군이 패배하면서 바람과 함께 사라졌던 것이다.

　남북전쟁은 노예해방전쟁으로 간주되곤 한다. 이러한 맥락 하에서는 남부의 이미지는 노예노동이라는 음울한 것이 된다. 물론 노예노동 그 자체는 비참한 것이며, 있어서는 안 될 일이라는 점은 말할 필요도 없다. 그러나 여기서 알아두어야 할 것은 남부와 북부의 본질적인 대립점은 노예문제뿐만 아니라, 이 나라가 장래에 농업을 바탕으로 성장할 것인지 아니면 공업을 위주로 성장할 것인지에 관한 선택의 문제이기도 했다는 점이다. 노예노동에 반대하는 양식 있는 사람은 남부에도 예로부터 많이 있었다.

　사람들마다 자신의 토지를 갖고, 몸소 일구어 그 토지를 경작하고 어떤 사람의 지배도 받지 않고 떳떳하게 사는 일이 미국 건국이후부터 지켜온 미국인의 이상이며 또한 국가의 이상이었다. 독립선언을 기초하고 제3대 대통령이 된 토머스 제퍼슨은 "만약 신에게 속한 선민選民이 있다고 하면 이 대지를 경작하는 사람이야 말로 신의 선민選民이다"라고 서술하고 미국에서는 "시민 모두가 토지개발에 종사하는 것이 좋다"라고 말하고 있다. 그리고 이 이상에 비추어 볼 때 북부 사람들이 생각하는 공업과 국제무역은 미국인의 존엄을 더럽히고 나라의 자립을 위협하기 때문에 거부해야만 하는 것으로 여겨졌다. 이러한 농본주의의 이상은 단지 관념 내에 머물렀던 것이 아니라, 실

포토맥 강을 내려다 본 전경. 초대 대통령 조지 워싱턴의 대농장저택. 마운트 바이넌. 1861년의 판화

제로 몇몇 대농장을 통해 구체적인 모습으로서 존재하고 있었다. 이러한 대농장은 지상에 있는 하나의 이상적인 왕국, 현존하는 유토피아라고까지 말할 만한 것이었다. 토머스 제퍼슨의 대농장, 윌리암 버드의 대농장, 또는 리 가문家門의 대농장은 지금도 이러한 지난날의 꿈과 같은 작은 사회를 떠올리게 한다. 대농장의 주인은 누구라도 풍부한 학문과 예술적 교양을 갖고 있는 사람이었다. 낮에는 농업기술을 개량하는 연구를 진행하고 밤에는 포르투갈어, 라틴어로 된 시를 읽기도 하고, 가족, 친구와 함께 악기도 연주했다. 대농장 내에는 농민을 위해 마련된 학교가 있었고, 병원, 교회가 있었다. 이들 대농장은 공포스런 강제노동 캠프가 아니라, 노동을 즐기며 서로 사랑하고 존경하는 이상적인 커뮤니티였던 것이다.

남북전쟁이라는 유혈행보를 선택함으로써 미국은 다른 길을 선택했다. 세계 최대의 공업국, 무역국 그리고 국제정치의 중심에 있는 지금의 미국은

제3대 대통령 토머스 제퍼슨의 대농장저택 몬티첼로Monticello. 버지니아 주

이 결과로 탄생한 것이다. 이것이 올바른 선택이었는지는 누구도 판단할 수 없다. 역사라는 사실 앞에서 이러한 가정 자체가 의미 없는 일일 것이다.

단, 우리가 기억할만한 것은 남부의 이상이 수 많은 아름다운 개성적인 건물과 마을을 탄생시켰다는 점, 그리고 그러한 자립적이고 완결된 소 사회라는 이상은 아마도 앞으로 사회의 존재를 생각할 때 하나의 신선한 자극이 될 것임에 틀림이 없다는 점이다.

② **찰스턴, 남부의 고도古都**

찰스턴은 사우스캐롤라이나 주의 남쪽, 대서양 연안에 있다. 온난기후 지역인 이곳은 녹지와 꽃에 둘러싸인 도시이다. 이 도시는 남북전쟁 후 미국사회의 대변동 속에서 기적처럼 살아남아 발전했다. 변혁되지도 않고 그렇다고 해서 몰락하여 사라지지도 않은 시간의 흐름과 사회의 격동 사이를 헤쳐

찰스턴 항의 풍경

나옴으로써 이 독특한 매력이 넘치는 이 도시는 살아남은 것이다. 윌리엄스 벡Williams Beck의 건물처럼 재건축되지도 않고 필라델피아의 건물처럼 복원되지도 않은, 찰스턴의 건물은 사람들이 사용해오던 그대로의 모습으로 200년 가깝게 존속하여 성장된 채 지금 우리들의 눈앞에 있다.

    찰스턴 시내는 애슐리Ashely 강과 쿠퍼Cooper 강 사이에 낀 3각형 반도의 끝단을 차지하고 있다. 최초의 이주자가 이 땅에 자리를 잡은 시기는 1670년대라고 알려져 있다. 그들은 영국인들이었지만, 이어서 프랑스인과 위그노파*의 사람들도 건너왔다. 18세기 중반에는 이미 주변의 풍부한 대농장에 둘러싸여 남부에서 가장 번창한 항구도시의 하나가 되었다. 지금의 찰스턴 사람들의 생활이 독특해진 것은 18세기의 일이다.

---

* Huguenot : 16~17세기의 칼뱅파(Calvin)의 신교도

찰스턴의 포치가 있는 주택

찰스턴은 단순히 무역항, 상업도시가 아니었다. 이 도시의 주요 건물은 근교의 부유한 대농장주들의 '타운하우스' 즉 도시별장이었다. 대농장은 풍부한 물과 따뜻한 기후를 이용하여 주로 모작을 행하고 풍부한 수확을 올리고 있었다. 그들은 여름의 더위와 말라리아를 피해, 또한 겨울의 사교를 위해 대농장 내의 저택인 '컨트리 하우스'와는 별도의 도시별장으로 '타운하우스'를 건축했던 것이다. 이것은 로마의 귀족, 르네상스 후기 북이탈리아의 귀족 그리고 근세 영국 귀족의 생활방식에서 공통적으로 발견되는 양상이다. 이 '타운하우스'의 귀족적 생활방식을 통해 찰스턴 특유의 문화와 주거의 형식이 탄생했다. 그리고 무역만이 아니라 주변의 농업을 기반으로 발전한 도시였기 때문에 남북전쟁 후에도 이 도시는 계속해서 살아남을 수 있었다.

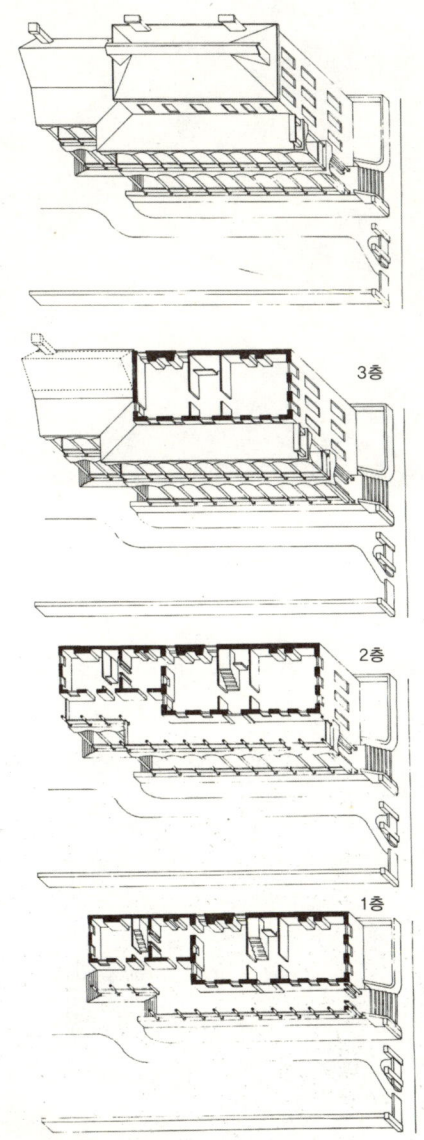

로버트 프링글의 저택, 1774년

찰스턴의 우아한 저택

③ 2층 포치가 있는 타운하우스

찰스턴의 타운하우스에서 자주 목격되는 특징은 양측에 2층(때로는 3층) 베란다의 포치가 배치되어 있는 모습이다. 시의 중심부는 18세기 초까지 성벽으로 둘러싸여 있었기 때문에 각 부지는 결코 넓지 않고, 밀도가 높은 다른 도시의 경우와 마찬가지로 입구 정면 폭이 좁고 안으로 들어가는 길은 길다. 따라서 주택의 정면은 좁고, 안쪽으로 공간이 넓게 펼쳐져 있으며, 포치가 이 긴면 전체에 배치되어 있다.

각 주택은 조적조로 지어진 3층 건물이 주류를 이루었다. 그 평면은, 한 실의 폭이 직렬로 방을 연결한 형식으로 소위 '싱글 하우스'라고 불리는 것이다. 모든 방은 포치를 향해 개방되고 그 포치는 약 3m의 폭으로 여유있는 공간이며 주택 외부의 개방된 거실 역할을 하고 있다. 그리고 앞쪽 길에서 주택에 이르는 입구는 건물에 바로 연결되지 않고 이 포치로 진입하게끔 되어 있다.

이 주거 형식은 햇볕이 강하고, 비가 많으며, 고온다습한 지방의 기후와 잘 맞는다. 그러나 이 형식은 찰스턴 특유의 것이며 인근 도시, 예를 들면 찰스턴과 마찬가지로 오래된 항구 도시인 사반나에서는 전혀 발견되지 않는다. 아마 이 형식은 기후와 풍토때문만 아니라 찰스턴의 도시적 사교생활을 즐기기 위해 모인 대농장주들의 생활문화 때문에 생긴 것일지도 모른다. 또한 이 형식이 어디에서 유래되었는지 의문이다. 카리브 해의 섬, 특히 벨베로스 섬에서 발견되는 비슷한 형식에서 영향을 받았다고 알려져 있지만 확실치는 않다.

주택의 주된 구조는 조적조이며 포치 부분이 목조로 된 주택도 많다. 대표적 주택 모양은 단순하며, 집의 개성을 드러내 주는 것은 포치이다. 하얗고 고전적인 오더가 붙어 있는 열주列柱가 엔타블러처*를 지지하고 있지만, 맨 위쪽은 부드러운 아치로 되어 있는 경우가 많다. 입구는 가장 정적인 모습으로 마무리되어 있는 곳이며 포르투갈 부흥 양식, 조지아 양식 등, 혹은 이러한 역사적 양식 분류에 속하지 않는 독특한 것이다. 집의 정면에 이 입구가 비대칭으로 배치되어 있음으로써, 또한 이 현관문에서 안으로 들어가면 곧바로 실내가 나타나지 않고 옥외 포치로 이어짐으로써 공간에 역동성이 감돌고 있다.

집과 집 사이에는 포치를 따라 좁게나마 꼭 정원이 마련되어 있다. 이 정원에는 나무와 꽃이 넘치듯 심어져 있다. 녹지, 포치, 정면의 벽이라는 3대 요소가 차례로 반복되면서 찰스턴 특유의 즐겁고 화려한 거리가 형성되어 있다. 정원에 피어난 꽃은 통로를 물들이고 이 때문에 이 도시는 꽃의 도시로서도 유명하다. '포인세티아' 와 '가드니아' 라고 널리 알려진 꽃 이름은 이를 키웠

---

* 기둥 위에 구축되는 수평 부분

나무들이 무성하고 꽃이 핀 찰스턴의 광장

던 두 사람 조엘 포인세트 박사와 렉스 가든 박사의 이름을 따서 지은 것이다.

    1982년 이른 봄철에 어울리지 않게 눈보라치는 필라델피아에서 떠나, 하루 밤낮을 달려간 후 도착한 찰스턴은 여기저기 핀 꽃에 둘러싸여 햇빛으로 가득한 밝은 봄이 한창이었다. 거리를 따라 다양한 모양을 보이는 포치는 밝고 화려했지만 어둠 속으로 사라져 버린 남부의 이상이, 깊은 우수의 그늘을 늘어뜨리는 것처럼 느껴졌다.

Town House

7

포트 선라이트
―19세기 자본가가 건축한 이상도시―

포트 선라이트 공장 광고포스터

① 19세기 산업자본가의 이상주의

공업기술과 이것에 의해 지탱되는 산업자본주의를 통해, 이상사회를 만들어낼 수 있다고 순수하게 믿었던 시대가 일찍이 있었다. 이 바램도 단순히 공상 속의 꿈은 아니다. 실제로 이러한 이상적인 공장과 주택으로 형성된 도시를 건설했던 사람들이 있었다. 그 공업도시중 몇 곳은 현재 거의 변하지 않은 모습으로 남아 있다. 그 도시를 방문할 때, 나는 깊은 감동을 느끼지 않을 수 없었다. 그곳에서는 강하고 아름다운 개인의 이상이 있고 또한 그 이상을 단순히 개인의 내면에 남겨두는 것이 아니라 사회 전체의 것으로 부상시키려는 강한 의지가 발견되기 때문이다. 이러한 이상주의를 다른 관점에서 개인적 선의의 한계라는 말로 비판하는 것은 쉬울지 모른다. 그러나 현세기에 접어들면서 공업기술의 급속한 발전과 거대화 속에서 잃어버린 것은 바로 이러한 이상이 아니었을까? 공업기술에 대해 사람들이 환경 파괴라든가 생

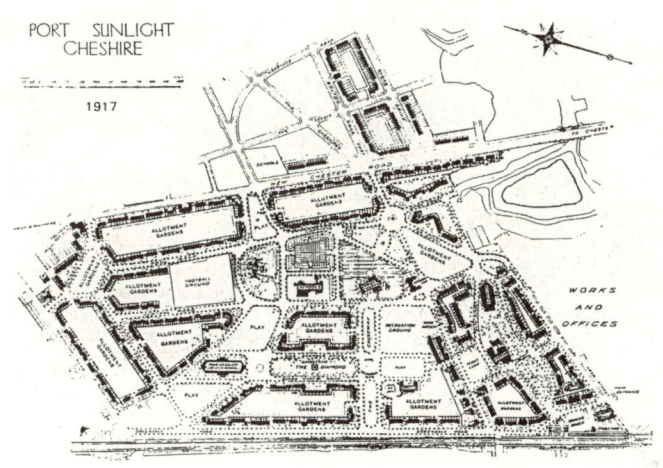

1917년 완성 당시의 전체 배치도

명의 위기라는 부정적인 반응을 주로 나타내는 지금, 초기 산업자본가들이 지은 주택과 도시는 우리들에게 많은 것을 이야기해 준다.

영국, 랭커셔 주에 있는 포트 선라이트는 선라이트 비누회사의 설립자인 윌리엄 레버가 1888년부터 건설하기 시작한 도시이다. 19세기말 영국과 미국에는 포트 선라이트와 마찬가지로 산업자본가가 건설한 이상적인 공업도시가 몇 군데 있었다. 영국에서는 모직물업자 타이타스 솔트가 건설했던 솔티아(1851년), 초콜릿 제조업자 조지 커드베리가 건설한 분빌(1955년)이 있었고, 미국에서는 보다 일찍이 매사추세츠 보스턴 공업회사가 건설했던 로엘(1822년)이 있으며, 풀만 침대차로 알려진 조지 풀먼이 건설했던 풀먼(1880년) 등이 있다. 그러나 이 중에서도 포트 선라이트는 건설 당시의 규모, 모습이 가장 잘 보존되어 있다는 점, 지금도 주민이 자랑스럽게 보존하고, 자랑하고 있다는 점에서 가장 흥미로운 생생한 사례라고 말해도 좋을 것이다.

주택설계도 중 하나. 연필 그림에 착색

② 비누왕 윌리엄 레버 William lever

윌리엄 레버(1851~1925년)는, 입지전적인 인물이다. 그는 공업도시인 보스턴의 식료품 도매업자의 일곱번째 아들로 태어났다. 그의 집안은 품위있는 중산층 가정이었다고 한다. 아마 그는 근처에 있는 비참한 노동자계급의 주거지를 바로 옆에서 보고 자라면서 훗날 생활개선과 주거개량에 관심을 갖게 된 것 같다. 그가 소년시절에 품은 꿈은 건축가가 되는 것이었다. 그 꿈은 15살에 아버지의 일에 참가하면서 멀어졌지만 주택, 건축, 도시계획, 또는 조경이나 미술에 대한 끊임없는 그의 관심은 바로 이러한 바램 때문이었을 것이다.

그는 자신대에 비누 제조 판매 사업을 일으키고, 전 세계에 걸친 비누 왕국을 세웠다. 그 노력과 재능, 특히 평범한 현실 속에서 문제를 뚫어보는 착상력과 그것을 즉시 실행하는 행동력은 후에 성공하는 실업가의 전형이 되었다. 당시의 비누 판매방법은 공장에서 만들어진 비누덩어리를 소매업자가 작게 나누어 포장하여 파는 방식이었다. 그 품질은 조악하며 일정하지 않아 그 선별 작업은 경험에 비추어 이루어졌을 뿐이다. 레버는 이 문제에 착안하여 자신이 선택한 하자없는 제품에 '선라이트' 라는 이름을 붙여 독자적 패키지로 팔았다. 이 사업은 눈 깜짝할 사이에 대성공을 거두어 그는 재벌이 되었지만, 이에 만족하지 않고 공장을 사들여 생산 공정을 하나로 통일시켰고, 더욱이 원료의 수송에서부터 해외에서의 야자유 생산까지 총괄함으로써 전 세계적인 대량생산조직을 구축하였다.

1855년 레버는 웰링턴에 있는 공장을 사들이고 생산에 뛰어들어 바로 대성공을 거두었지만 그 지역의 협소함, 불편한 수송편 등의 결점을 발견한 후 1857년 배큰헤드의 버려진 저습지를 손에 넣어 새로운 공장과 이 공장 노동자의 주택지를 건설하기 시작했다.

③ 공장과 주택, 지역시설이 조화된 계획

이 계획을 시작하면서 레버는 다음과 같이 연설함으로써 자신의 생각을 사람들에게 알렸다.

"우리들은 이토지의 조건으로부터 혜택을 누리고 있습니다. 이곳에는 혼잡 없이 일할 수 있을 만큼 충분히 넓은 공간이 있고 이곳에서 일하는 사람들의 주택을 건설할 수 있을 만한 넓은 공간이 있습니다. 이 상황은 오랫동안 우리들이 바라고 있었던 것입니다.(박수)…… 앞뒤쪽에 정원이 있는 2층 주택, 이곳에서 사람들은 뒷골목 빈민가에서는 배우기 힘든 인생의 진리를 배울 수 있을 것입니다. 또한 이곳에서 사람들은 단순히 일을 반복하며 토요일 급료만을 기다리기보다, 삶에는 더욱 큰 즐거움이 있다는 것을 깨닫게 될 것입니다."

이 연설에 명백히 드러나 있듯이 레버의 신념은, 공장은 단순히 제품을 생산하는 곳이 아니라 사람들에게 좋은 생활을 주어야 하는 곳이며, 또한 사람

중심부의 계획스케치

D타입 주택정면 설계도

들의 좋은 생활은 생산의 향상과 연관된다는 믿음이었다. 그 신념은 그가 한 수많은 강연에서 반복되고 있다.

포트 선라이트의 주택단지는 공장에 접해 있고 길이 2,000m, 폭 500m의 넓이로 약 900호의 주택에 약 3,000명의 주민이 살고 있다. 당초에는 물론 선라이트 비누회사의 종업원과 그 가족만이 살았으며, 종업원 중에서도 품행이 나쁜 사람은 환경을 해친다는 이유로 거주를 허용하지 않았으며 음주도 금지시켰다. 이 금지조항에서도 윌리엄 레버의 지나치게 엄격할 정도의 이상주의가 드러나고 있다. 그러나 역시 이 금주주의는 주민에게 받아들여지지 않고 후에 주민투표를 치룬 결과 영국사회에서 뺄 수 없는 사교장인 퍼브 Pub(대중술집)가 들어섰다.

이 퍼브 외에도 다양한 공공시설이 당초부터 계획된 점이 포트 선라이트의 주된 특색이다. 이 시설들은 넓은 녹색 정원, 2개의 학교, 미술관, 도서관과 병원, 교회 등이다. 또한 1891년에 영국 수상 글래드스톤이 세운 남성용 클럽 하우스는 현재 극장으로 이용되고 있으며 그 외에 윌리엄 레버가 세운

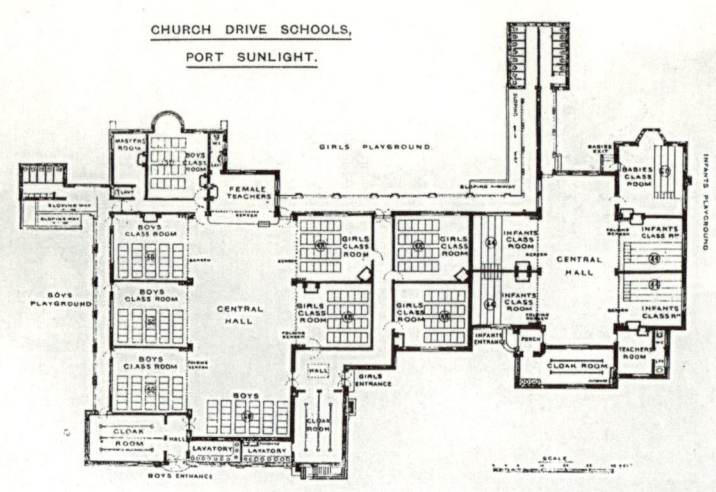

포트 선라이트의 초등학교

주민을 위한 클럽 하우스인 레버 클럽이나 브리지 여관으로 불리는 오래된 여관과 비슷한 모양의 호텔도 있다.

    무엇보다 포트 선라이트 최대의 특징은 연설 중에 윌리엄 레버가 "집 앞 뒤쪽에 정원을 있는 ……"이라고 지적한 것처럼 넓고 풍부한 녹지에 주택이 세워졌다는 점이다. 이것이 당시에 얼마나 신선하고 혜택받은 조건이었는가를 이해하기 위해서는 당시 영국의 주택 중에 비교적 혜택받은 중산층의 주택조차도 뒤쪽에 작은 정원back-yard이 있을 뿐이며, 노동자 주택에서는 이 공간조차도 없고, 주택의 뒤쪽이 서로 밀착된 '백투백back to back'이라는 형식이 통례였다는 사실을 알 필요가 있다. 포트 선라이트는 녹지와 햇빛이 넘치는 전원도시의 선구적 실례라고 할 수 있을 것이다.

    각의 주택은 침실이 2개에서 4개로 배치된 규모이며, 그 모습은 주로 115쪽의 그림에 나타나 있듯이 허브 틴버의 영국 민가풍이 주류를 이룬다. 즉 박

공지붕과 검은 목조 세트를 보인 흰 벽으로 되어있으며 전면에 포치와 띠창이 배치된 주택도 있다. 앞 정원이 주택마다 구별 없이 하나로 넓게 되어있는 사례는 영국에서 드물다. 그러나 이외에도 프랑스 제2제정 양식, 프란돌풍이라는 양식이 건설 연대나 건축가에 따라 적용되어 있으며 특히 미술관은 레버 부인의 취향에 맞추어 당당한 보자르풍으로 되어있다.

현재 이 주택단지의 관리는 계열 회사인 유니레버 관리회사에 맡겨져 낡은 주방, 욕실, 기타 설비가 본격적으로 보수되었다. 1979년부터 지금까지 회사 종업원이 아니면 거주권이 없던 규칙도 개정되어 외부인도 살 수 있게 되었으나 그 비율은 현재 약 3분의 1 정도라고 한다.

맺음말 _ 도시주거에 대한 단상

    요즘 일본 도시는 추하고 혼란스럽다. 그 혼란은 사람들의 생활이 사치스러워지고, 물자가 넘칠수록 더욱 가중되어 왔다. 그 원인은 결코 간단하지 않다. 토지정책이라는 사회 정치적인 문제가 그 기본 요인 중의 하나인 것은 확실하지만, 일본인의 마음속에 일반적으로 새겨진, 주거를 개인적인 편의시설로서만 생각하고 사회 전체의 일부라고 생각하지 않는 태도도 그 원인의 하나임에 틀림없다. 이 모두가 근본적으로 현재의 추한 도시를 탄생시켰다고 할 수 있다. 이 문제를 해결하고 미래로 이어지는 도시를 건설하는 것은 결코 쉬운 일이 아니다. 그러나 원인을 건축에 한정해서 찾아본다면, 그것은 도시를 이루는 주거 형태가 존재하지 않기 때문이라고 해도 좋을 것이다. 현재의 일본 도시에는 도시 주거형태가 사라져 가고 있는 것이다.
    일찍이 일본의 집은, 뛰어난 도시 주거 단위였다. 그곳에서는 공단이나 교외의 별장에서 발견할 수 없는 도시에 살고 있다는 느낌이 분명히 존재했었

캠브리지셔의 연립주택

다. 집은 도시의 활기를 만들어 내면서도 개인 주거의 안락함을 지키며, 통일된 도시 경관을 낳으면서도 각 주택 특성을 잃지 않고 있다.

그 집은 도시 주거란 개인의 생활을 가능한 한 외부로부터 침해받지 않고 지키고 싶어하는 요구와 개인생활을 도시 전체와 연속시키려는 반대의 요구를 가능한 한 동시에 실현시키기 위한 곳이라는 점을 훌륭하게 드러내고 있다. 이 문제는 아무리 그 해법이 다르더라도 런던이나 필라델피아의 연립주택을 만든 사람들이 설정한 공통된 문제가 아니었을까? 그리고 아마 폼페이 도시 주택에 살았던 사람들에게도 공통적인 문제였던 것이었는지 모른다.

나는 다시 한번 런던이나 필라델피아의 연립주택의 생활을 떠올리며 소년시절의 한 때를 보낸 니가타의 오래된 집들에서 이루어진 생활을 기억해 내본다. 졸리울 정도로 조용한 중정, 언제나 손님으로 활기를 띤 거실의 높은 공간이 떠오른다. 거리의 정원은 상점이나 작업장의 일부임과 동시에 집 안

니가타 현 세키카와무라 와타나베 저택 정면

까지 들어갈 수 있는 외부의 통로이기도 했다. 처음 방문하는 손님이 통로 정원의 입구에서 말하는 정중한 인사에서부터 단골 상인이 부엌 근처까지 단번에 들어오는 활기 넘치는 소리에 이르기까지 다양한 행위가 이루어진다. 그곳은 단지團地의 철문을 열 것인가 닫을 것인가라는 야만스러운 양자택일과 비교하여 얼마나 문화적으로 섬세한 인간적인 공간이었을까?

　일본에 돌아와서 도내의 이른바 목조 임대아파트에 반년 정도 살았고, 후쿠오카에서 아파트단지를 네 군데 정도 옮겨 가며 살았다. 그 집들은 모두 1960년대에 무수히 지어진 5층 건물이며 계단식 아파트였다. 이 두 종류의 아파트는 목재와 철근콘크리트라는 재료의 차이를 제외하고는 많은 점에서 유사하다. 우선 이 아파트들은 완성되었을 때에 가장 좋고, 시대에 따라 개성이나 변화가 생기지 않고 열악화되기만 하는 점이다. 또한 좁은 면적을 더욱 세분하는 평면 계획을 보이며, 양자 모두 그 평면계획상의 세부 디자인은 아

와타나베 저택 내부

주 정밀하다(그러나 그 디자인 면에서는 목조 임대아파트 쪽이 뛰어나다). 설비 면에서는 누구나 반드시 사용하는 가스레인지나 냉장고가 설치되어 있지 않은 반면, 누구나 사용한다고 할 수 없는 다다미가 반드시 깔리고 벽장이 설치되어 있는 점이다(다다미나 벽장을 일본 주택의 필수품이라고 주장하는 사람은 단지 내에 넘쳐나는 카펫과 서양 가구를 보라). 그리고 무엇보다도 두 아파트에 공통된 특색은 외부와 과도하게 격리되어 있기 때문에 오는 불안과 함께 외부로부터의 침입에 이미 노출되어 있다는 성급함을 동시에 거주자에게 부과한다는 점이다.

 그래도 도내의 목조 임대아파트에 살고 있을 때는 그나마 근처의 거리를 산책하는 즐거움이라도 있었다. 그러나 단지로 옮기고부터 이 즐거움은 없어지고 더욱이 1층에서는 언제나 주호를 남북으로 관통하는 시선과 창밑에서 아줌마들이 떠드는 이야기 소리와, 아이들의 아우성치는 소음 때문에 괴

니이가타현 세키카와무라 거리. 드로잉 작성/도쿄대학 코야마연구실

로웠다. 왜 지면에 접해 있는 1층의 주호를 위층의 주호와 동일하게 설계하는 지 모르겠다.(생산과 관리의 차원에서는 확실히 타당한 계획이다. 그러나 이것만으로 설계가 결정되어도 좋은 것인가?)

 1층의 지면 가까이에 사는 것은 그 나름의 특성이 있다. 또한 테라스나 거실의 창에서 정원이나 광장의 사람들과 눈짓이나 말을 교환하는 것은 그리 나쁜 일은 아니다. 따라서 이 행위에 맞는 설계를 하지 않으면 안 된다. 부엌에 앉아 있으면 정원 앞에 갑자기 사람이 나타나는 것이다. (눈앞이라고 하기보다는 무릎 앞 주위)인사를 해야 하는 것인지 모르는 척 해야 할 것인지 집안에 있는 사람도 밖에 있는 사람도 주저하는 사이에 정원 앞에 있던 사람은 이동하고 양자의 커뮤니케이션은 단절된다. 얼마나 야만적이고 비문화적인 인간관계인가. 이러한 야만성은 입구의 철문에서 극에 달한다. 철문은 돌연히 열려지고 돌연히 닫힌다. 문을 열면 외부의 시선은 일거에 집 속을 관통한다. 방문하는 사람도 방문당하는 사람도 이 때문에 전기충격과 같은 쇼크를 받는 것이다.

 정말로 내부까지 들어올 사람 이외의 사람에게도 문을 열어야 하지 않을

까? 문의 작은 엿보기 구멍으로 밖을 엿보고 문을 넘어서 말을 거는 것만으로 (아무리 시끄러운 세일즈맨이나 조사원을 쫓아내는 경우라도) 마치 자신이 잠복하고 있는 범죄인과 같은 음울한 기분이 들고 만다. 단지의 문은 들어갈 수 있는지, 들어갈 수 없는지라는 양자택일 방식으로 만들어져 있다. 그러나 입구 앞에 선 사람은 항상 방문하는 방문판매인과 아니면 초대된 친한 친구로 분류되지는 않는다. 실제로 그 중간의, 작은 용건, 작은 대화를 위한 손님이 많다. 그 사람과 어디서 말을 하면 좋을 것인가? 입구 문을 잠근 채 외부 계단에 서면 너무나도 서먹서먹한 느낌이 든다. 단지의 계단에 서서 이야기하는 것은 통행인에게 방해가 되기에 안으로 들어가면 너무 친밀해지고 만다. 결국 사람들은 철문 개구부의 넓이를 조정하기에 이른다. 살짝 열린 문으로 얼굴을 반만 내밀어 말을 나누는 단계에서 문을 몸 전체 폭까지 열어 거기에 몸 전체를 드러내며 서기까지의 몇가지 단계들은 너무나도 부자연스러운 자세이며 야만적인 인간의 사교방식일 것이다. 길가의 상점 앞이나 통로정원의 이곳저곳에서 우아하게 교환하던 예전의 몸짓이나 인사는 어디로 사라진 것일까?

필라델피아 엘프레스 거리(펜실베이니아 대학생 버클리R.Buckley가 그린 실측도)

    훌륭한 집의 전통은 이제 일본에서는 존속되고 있지 않다. 남아 있는 전통도 껍데기만 있는 것에 지나지 않는다. 그 전통은 왜 명치明治시대에 갑자기 사라져 그 후 발전되지 않은 것일까. 같은 100년 전의 건물이면서 연립주택군은 지금도 남아 있고 새로운 건축가의 손에 의해서 계속해서 재생되고 있다고 하는데 말이다. 타기 쉬운 목조라는 구조는 도시 주택의 결정적인 결함이었다는 것은 확실하다. 고밀도 주거배치 방식에서 썩기 쉬운 목재는 비위생적일 것이다. 그러나 런던 대화재 후에 중세 이래 지금까지 연립주택이 훌륭하게 발전했는데 왜 명치시대의 도쿄에서는 일어나지 못했던 것일까? 이 문제는 근대 일본의 도시와 주거 분야에 일어난 중요한 사건으로 심각하게 고찰해 볼 필요가 있다. 이 문제는 최근의 디자인 자료 조사의 중심 문제인 집단취락 지역이나 도시디자인, 경관보존이라는 문제보다도 더 흥미로운 사안일 것이다.

    도시의 집들은 특별한 경우를 제외하고 보존도 재생도 불가능하다는 것은 인정해야 한다. 그 아름다움, 뛰어난 공간구성을 인정하면서도 현재 살고 있는 사람이 이제 도시의 집에서 나가고 싶다는 바람은 부정할 수 없다. 그곳은 연립주택처럼 현재나 미래에서도 계속 살아갈 수 있는 기본적 조건을 갖추지 못하고 있는 것이다. 그러나 단지 불에 타기 쉽고 비위생적이라는 기술적 조건 때문에 도시 주거의 뛰어난 점까지 모두 없애버린 주택을 일본인은

필라델피아, 론버드 거리 23~24번가(펜실베이니아 대학생, 프렌치 Kelly French가 그린 실측도)

왜 100년 전부터 갑자기 만들기 시작했는지는 납득할 수 없다.

이 문제의 해답을 바로 내릴 수도 있겠지만 아마도 단순히 건축기술의 문제 뿐만 아니라 보다 광범위한 사회, 문화적 현상으로 이해해야만 한다.

르네상스처럼 도시 시민이 만든 근대사회가 아닌 명치시대 이후의 도쿄에서, 새로운 계층의 주거 이미지는 도시의 집이 아니라 무사 저택이 아니었을까? 이 이미지가 울타리가 쳐진 훌륭한 구조인 야마노테의 저택으로 구체화되고 더욱이 지금처럼 극단적으로 좁은 부지에서도 이웃집 사이에 틈을 두어 철문을 설치한 교외의 별장이 나란히 연결되어 버린 것은 아닐까? 그리고 에도시대의 무사 저택이야말로 가장 도시성이 낮은, 말하자면 농가의 연장은 아니었을까? 그렇다면 명치시대에 일본인은 도시 주거의 전통을 버리고 농가 방식으로 전향해 버렸다고는 할 수 있을 것이다. 더욱이 근대 일본의 진보 발전이라는 가치는 도시라고 하는 영속적인 것을 구축하는 사상과 근본적으로 대립하고 있는 것은 아닐까? 한 사람 한 사람의 충직한 생활과 미의식이 없는 사회에서는 결국 도시조차도 소모품이 되어 버릴 뿐일지 모른다.

고층주택이라는 건축 유형, 또는 PC(Prefabricated)라는 생산 방식은 주거와 도시에 관한 제반 문제를 해결하기 위한 유력한 수단이 될 것이라고 오랫동안 믿어져왔다. 그러나 이제 바로 그것이 오류였다는 점은 분명하다. PC 때문에 기존의 거리가 황폐화되고 황량한 풍경이 나타나는 모습은 일본 어

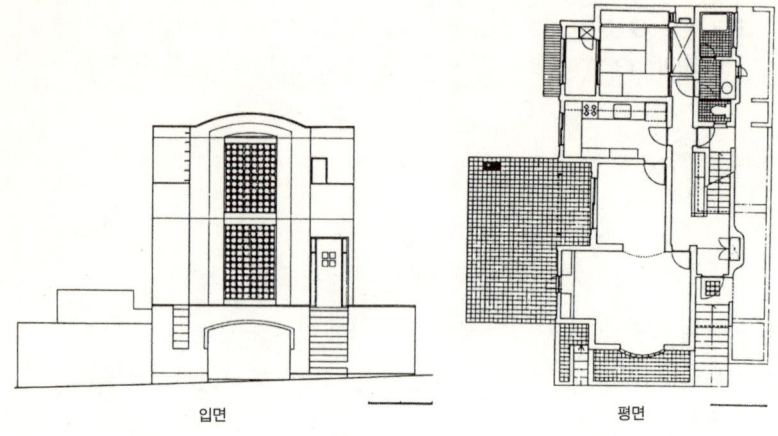

입면 　　　　　　　　　평면

宇都木邸(설계, 저자, 1976년)

디에서나 볼 수 있다. 지금 우리들은 하나하나 주거 단위는 어떻게 도시성 urba nism을 가질 수 있을까라는 오래된 과제를 다시 풀어내야만 한다. 영세한 단독주택이 열악한 도시환경을 만들어 왔다고 해서 공적인 대규모 개발만이 도시를 구할 수 있다고 볼 수 없다. 도시성을 가지지 않은 단독주택이 도시에 혼란과 파괴를 초래하는 것은 분명하지만 마찬가지로 폐쇄적인 주택만이 도시계획적인 스케일로 정연히 나열되어 있는 거리도 생활을 죽이고 결국 도시를 불모지로 만들어 버리고 만다.

단독주택이 늘 반反도시적인 것은 아니다. 각각의 주거 속에서 도시성, 전체를 아우를 수 있는 문제를 담지 못했던 근대의 주택관 그 자체가 반도시적인 것에 지나지 않는다. 이 사고가 극복되고 해결되지 않는 한 일본에서는 뛰어난 독립주택도 연립주택도 그리고 고층주택도 영구히 실현될 수 없다. 주거와 도시를 서로 구별하는 단일한 경계는 존재하지 않는다. 주거와 도시는

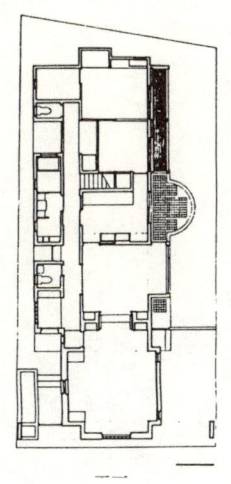 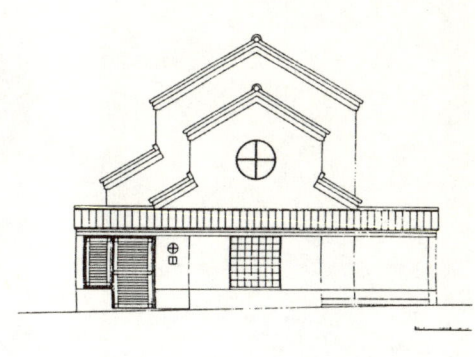

中原邸(설계, 저자, 1983)

늘 연속적이며 이 점에서 주거는 작은 도시이며 도시는 큰 주거이다.

　이러한 주거와 도시와의 관계라는 문제를 건축의 측면에서(혹은 가족 생활 측면에서)보면, 그것은 사교(교재)의 문제로 다루어질 수 있을 것이다. 이것은 내부의 외부에 대한 연결의 문제이기도 하며, 사적인 것과 공적인 것의 연결의 문제이기도 하다. 단지나 맨션에 살고 있는 사람들이 자주 성토하는 "숨이 막힐 것 같다"라는 느낌은 두 개의 대립된 심리가 복합되어 나타난 것이다. 즉 한편에서는 "프라이버시가 없다(항상 누군가에게 보여지고 있다)"라는 심리이며 동시에 다른 편에서 "커뮤니티가 없다(누구와도 사귈 수 없다)"는 심리의 기묘한 공존이다. 실제로 커뮤니티와 프라이버시, 혹은 사적 공간과 공적 공간이 독립된 영역을 확보하고 있는 것이 아니라, 상대적으로 동전의 양면과 같은 관계를 이루고 있기 때문이다. 따라서 주거에 관한 문제는 주거내부 자체(예를 들면, 주부가 움직이기 쉽다고 하는)뿐만 아니라 내부와 외부

맺음말　127

도쿄 센타가야의 오래된 거리에 건축한 저자의 저택. 정면

와의 관계에 관해서도 연구해야 될 과제이다. '사교'의 문제에 있어서는 사람과 사람과의 관계는 사귈 것인가 사귀지 않을 것인가 하는 양자택일의 관계는 결코 아니며, 어느 정도로 사귈 것인가 하는 단계 구성의 문제임을 알 수 있다. 마찬가지로 공간에서도 문을 열까 닫을까가 아니라 어느 정도 열고 어느 정도 닫아야 하는 것인가라는 문제임을 알 수 있다. 즉 어떤 사람에게는 닫혀져 있던 문이 다른 어떤 사람에게는 열려짐으로써 친함, '사교, 교제'라는 행위가 이루어지고, 더욱이 주거 내부 공간까지 들어올 수 있다면 그것은 한층 더 친밀한 관계를 의미한다. 그리고 앞서 말한 바와 같이 '사교, 교제'의 문제가 주거의 도시성과 관련되어 있기 때문에 풍부한 '사교, 교제'를 가능하게 하는 주거는 그만큼 풍부한 도시성을 보유하고 있다고 할 수 있다.

    이 판단은 우리들이 동서고금의 주택을 보고 그 중에서 어떤 것이 좋은 주거인가를 발견하게 되는 경험에서 나오는 판단과도 일치한다고 할 수 있다.

 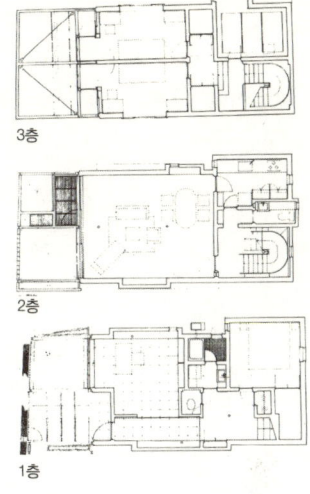

저자 저택의 내부. 2층의 거실

예를 들어 오래된 거리의 집에서 좋음, 아름다움을 끄집어 낼 수 있는 원인은 무엇일까? 그 이유는 단순히 죽어가는 사람에 대한 노스탤지어, 오래된 물성에 대한 애착만은 아닐 것이다. 각 기능의 대응관계가 변해도 공간의 위계적 구성이 인간관계의 단계적 구성과 상응하는 구조를 갖고 있으리라는 직관의 울림 때문인지도 모른다. 또한 설계라는 작업에서 엄밀한 기능의 계획이나 사용의 예측은 늘 불가능하며, 건축 공간의 세부 계획은 오히려 사용자가 최종적으로 결정해야 할 사항이며, 설계에서 가장 중요한 것은 각 기능에 맞게 공간을 구성하기보다는 공간 구조를 파악하고 그 구조를 구체화시키는 과제라는 점과 일맥 상통한다.

이런 도시를 형성하는 주택을 탐구하기 위해 우리들의 발길은 계속해서 영국이나 미국의 연립주택에 닿게 되는 것이다.

맺음말 129

참고문헌

1) Stefan Muthesius, *The English Terreced House*. Yale University Press, 1982.- 34쪽, 35쪽, 42쪽, 43쪽.

2) Steen Eiler Rasmussen, *London:The Unique City*, The Mit Press, 1982. - 36쪽.

3) Edmund N.Bacon, *Design of Cities*, The Viking Press, 1967. - 45쪽, 46쪽.

4) The Preservation of Historic Chester, Architectural Preservation, - 50쪽.

5) E.H Mason, T*he Pictorial History of Chester*, Pitkin Pictorials Ltd., 1966. - 52쪽.

6) Donald W.Insall, *Conversation in Action : Chester's Bridgegate 1982*, Hobbs the Printers of Southampton - 56쪽.

7) Martin P.Synder, *City of Independence : Views of Philadelphia Before 1800*, Praeger Publishers Inc., 1975 - 66쪽, 67쪽.

8) Douglass Shand Tucci, *Built in Boston - City and Suburb 1800-1950*, Little Brown and Company, 1978. - 75쪽, 77~81쪽.

9) A Monograph of the Works of Mckim Mead & White 1879-1915, Benjamin Blom, Inc., 1973. - 82쪽.

10) Edmund Williams, *The Story of Sunlight*, Unilever PLC, 1984. - 92쪽.

11) Lord Leverhulme 1985, Heritage Centre Booklet - 95쪽.

출처문헌

이 책은, 일본주택협회 『주택』1985. 1월~4월, 6월~8월, 『도시주택』1973년 9월 『도시주거와-비교주거론에 관한 글』등을 원본으로 필자가 재구성한 것이다.

지은이 코야마 히사오

　　　　1937년 도쿄 출생

　　　　1960년 도쿄대학 건축학과 졸업

　　　　1964-65년 펜실베이니아대학 미술학부 대학원 루이스 칸 밑에서 수업

　　　　1967년까지 미국, 영국에서 설계 업무에 종사

　　　　1968년 큐슈예술공과대학 조교수

　　　　1971년 도쿄대학 조교수

　　　　1986년 도쿄대학 교수, 공학박사

　　　　1975~76년 예일대학 미술사학과 객원연구원

　　　　1982년 펜실베이니아대학 객원교수

　　　　주요 작품으로 큐슈예술공과대학, 相撲여자대학, 도쿄대학연구자료관, 치요키 주택, 도쿄YWCA회관 등이 있고, 지은 책으로 『건축형태의 구조』(공저), 『미국근대건축』, 『건축순례1 — 황야와 개척자』, 옮긴 책으로 『미국의 건축과 어바니즘』, 『건축조형원리의 전개』, 『출발 — 루이스 칸의 사람과 건축』 등이 있다.

옮긴이 유창수

　　　　서울시립대 건축공학과 졸업

　　　　서울대학교 환경대학원 졸업(도시설계 전공)

　　　　일본 후지타 건설, 視感 도시건축사 사무소 근무

　　　　서울시정개발연구원에서 도시계획연구원으로 근무

　　　　현재 서울시장 정책비서관

세계건축산책 9
타운하우스 _ 인간적인 도시를 만드는 집

지은이 | 코야마 히사오
옮긴이 | 유창수
펴낸이 | 최미화
펴낸곳 | 도서출판 르네상스

초판 1쇄 인쇄 | 2006년 7월 25일
초판 1쇄 펴냄 | 2006년 7월 30일

주소 | 110-801 서울시 종로구 계동 140-50 3층
전화 | 02-742-5945
팩스 | 02-742-5948
메일 | re411@hanmail.net
등록 | 2002년 4월 11일, 제13-760

ISBN 89-90828-39-2 04610
　　　 89-90828-17-1 （세트）

* 잘못된 책은 바꿔 드립니다.